Jules Gaubert-Turpin
Adrien Grant Smith Bianchi
Charlie Garros

Ruta
de los
vinos
franceses

ATLAS DE LOS VIÑEDOS
DE FRANCIA

15 regiones, 85 mapas,
2600 años de historia

«El atractivo de un vino reside en el hecho de que nunca hay dos botellas exactamente iguales».

Edward Bunyard

ÍNDICE

Los autores

Amigos desde la universidad, trabajan juntos desde hace cinco años y cultivan sus pasiones comunes por el diseño gráfico y la gastronomía… líquida. Juntos han creado *La carta de vinos, por favor*, una colección de mapas del vino y carteles didácticos para facilitar el aprendizaje sobre el vino.

Este es su tercer libro publicado por Cinco Tintas tras *La carta de vinos, por favor* (2019) y *La vuelta al mundo en 80 bebidas* (2020).

Jules
Gaubert-Turpin

Adrien
Grant Smith Bianchi

Charlie Garros

Prólogo

Francia es el país del vino.

No es el primero de la historia: el vino apareció en Georgia 4000 años antes.

No es el primero en volumen: Italia ostenta la medalla de oro en esta categoría.

Más de 70 países producen vino y, sin embargo, el mundo sigue degustando Sancerre, Châteauneuf-du-Pape, Saint-Émilion, Chablis…

Vinos para todos los gustos y todas las ocasiones. Clima, cultivo, subsuelo…, son muchos los factores que explican esta formidable diversidad. Francia produce 3240 vinos distintos cada año: ¡la vida es demasiado corta para probarlos todos!

Este libro es una invitación a descubrir unos caminos más o menos trillados. Entre grandes vinos y denominaciones de origen poco conocidas, le guiaremos en un placentero periplo por los viñedos de *La ruta de los vinos franceses*.

Gracias a Audrey Génin y Christine Martin por la confianza depositada.

Gracias a Marcel Turpin, Hélène Lucas y Quentin Guillon por su meticulosa corrección de pruebas.

Cómo leer los mapas

LEYENDA DE LOS DIAGRAMAS DE PRODUCCIÓN

- Vino moelleux/licoroso
- Vino espumoso
- Vino blanco
- Vino rosado
- Vino tinto

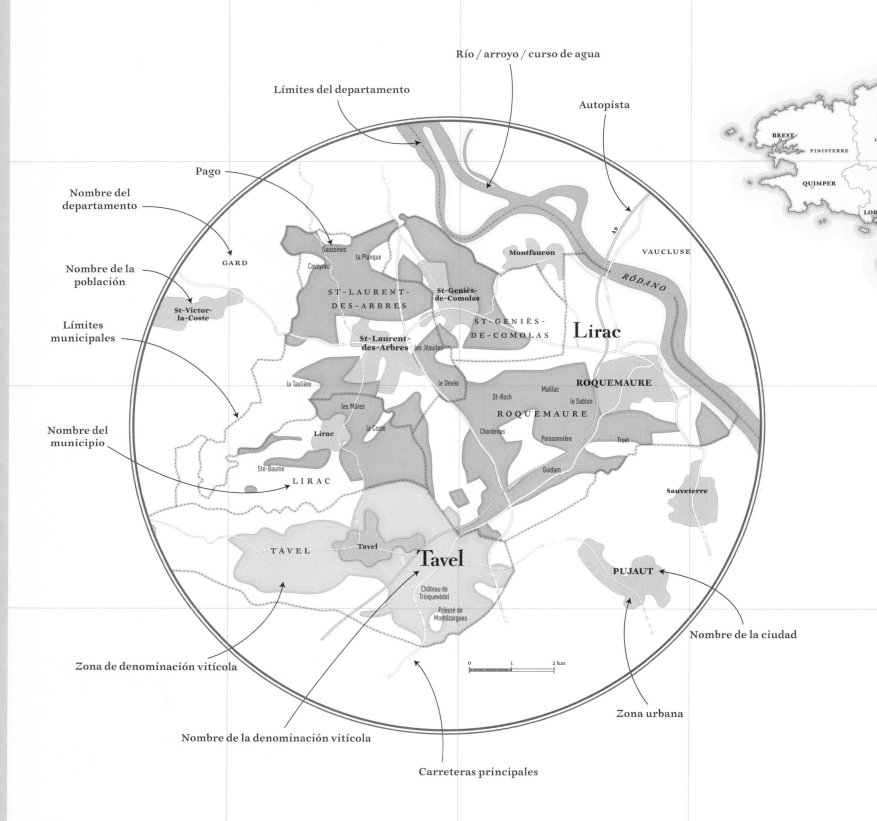

Río / arroyo / curso de agua

Límites del departamento

Autopista

Pago

Nombre del departamento

Nombre de la población

Límites municipales

Nombre del municipio

GARD

Saussines
la Planque
Caveyrac

Montfaucon

VAUCLUSE

RÓDANO

ST-LAURENT-DES-ARBRES

St-Geniès-de-Comolas

ST-GENIÈS-DE-COMOLAS

Lirac

St-Victor-la-Coste

St-Laurent-des-Arbres

les Jésuites

la Taulière

le Devès

ROQUEMAURE

St-Roch

Maillac

le Sablon

les Mûres

Lirac

la Coste

ROQUEMAURE

Chardenas

Poissonnière

Truel

Ste-Baume

LIRAC

Guidam

Sauveterre

TAVEL

Tavel

Tavel

PUJAUT

Château de
Trinquevédel

Prieuré de
Montézargues

Nombre de la ciudad

Zona de denominación vitícola

0   1   2 km

Zona urbana

Nombre de la denominación vitícola

Carreteras principales

BREST

FINISTERRE

CÔTES

QUIMPER

LORIENT

LANGUEDOC

la renovación

Languedoc-Rosellón

Desde hace veinte años, la mayor región vinícola de Francia ha experimentado una sorprendente revolución que despierta el interés de un creciente número de amantes del vino.

Languedoc

Terrasses du Larzac

Languedoc

Sommières

Montpeyroux

Pic Saint-Loup

NÎMES

Saint-Saturnin

Clairette du Languedoc

Saint-Christol

LODÈVE

Grès de Montpellier

Saint-Drézéry

Cabrières

Muscat de Lunel

Saint-Chinian Roquebrun

MONTPELLIER

La Méjanelle

Faugères

Grès de Montpellier

Saint-Chinian Berlou

Pézenas

Muscat de Saint-Jean-de-Minervois

PÉZENAS

Saint-Georges d'Orques

Minervois-La Livinière

Saint-Chinian

Picpoul de Pinet

Muscat de Mireval

Minervois

Languedoc

SÈTE

Muscat de Frontignan

Cabardès

BÉZIERS

CARCASONA

Cap d'Agde

Malepère

NARBONA

La Clape

Corbières-Boutenac

Quatourze

Golfo de León

LIMOUX

Corbières

Limoux Blanquette de Limoux Crémant de Limoux

Fitou

MAR

Maury

Tautavel

Côtes du Roussillon Villages

MEDITERRÁNEO

Aude

Lesquerde

Latour de France

PERPIÑÁN

Caramany

Tèt

PRADES

Côtes du Roussillon

ELNE

Collioure y Banyuls

COLLIOURE

CÉRET

BANYULS-SUR-MER

Rosellón

0   20   40 km

ESPAÑA

Variedades

syrah, cariñena, garnacha…

sauvignon, chardonnay, viognier…

Hectáreas

229 000

85 000 en AOC

Tipos de vino

21% · 60% · 19%

Suelos

cantos rodados, arenisca, marga, caliza, esquisto, arcilla, arena, molasa, gneis, granito…

Clima

mediterráneo

Los griegos fueron los primeros que plantaron vides en la región, pero el desarrollo del viñedo se produjo bajo dominio romano, hasta tal punto que el vino de la Galia competía con el romano, lo que era inaceptable para Roma, que sencillamente ordenó que se arrancaran las vides. Simple y eficaz. Hasta casi dos siglos después no se permitió de nuevo el cultivo de la vid en la región.

Sus 229 000 hectáreas la convierten en la mayor región vitícola del mundo: representa un tercio del viñedo francés.

Al contar con un clima muy favorable para el cultivo de la vid, esta virtud se ha explotado tanto que se ha convertido en una debilidad. De hecho, la región se ha visto reducida durante mucho tiempo a la producción de vino de mesa de baja calidad. Huelga decir que tras la crisis de la filoxera se replantaron muchas viñas para abastecer a los soldados enviados al frente durante la Primera Guerra Mundial. Cosas del valor…

A partir de 1962, cuando Argelia (que suministraba una gran cantidad de vino a Francia) recuperó su independencia, la región lo compensó produciendo cada vez más y centrándose en variedades muy productivas de las que se extraían cada vez más rendimientos… en detrimento de la calidad.

Hoy, tras una auténtica revolución en los últimos treinta años, la región goza de un gran prestigio. Esta renovación pasó por reducir los rendimientos, la selección de variedades más adecuadas y la llegada de jóvenes viticultores. Los esfuerzos de la región no se quedan ahí, ya que el Languedoc-Rosellón es la mayor región vinícola ecológica del país: el 36 % de las vides ecológicas francesas se encuentran en ella. Cabe señalar que el clima es muy propicio para la producción de vinos ecológicos, biodinámicos y naturales. Todos estos elementos hacen del Languedoc una de las regiones más pujantes de Francia.

La región goza de un gran prestigio

TIPOS DE DENOMINACIONES DEL LANGUEDOC

DENOMINACIONES MUNICIPALES
Corbières Boutenac, Faugères, Fitou, La Clape, Minervois-La-Livinière

DENOMINACIONES SUBREGIONALES
Cabardès, Clairette du Languedoc, Corbières, Limoux, Malepère, Picpoul de Pinet, Pic Saint Loup, Saint-Chinian, Saint-Chinian Roquebrun, Saint-Chinian Berlou, Terrasses du Larzac

INDICACIONES REGIONALES
Languedoc Cabrières, Languedoc Grés de Montpellier, Languedoc La Méjanelle, Languedoc Montpeyroux, Languedoc Pézenas, Languedoc Quatourze, Languedoc Saint Christol, Languedoc Saint Drézery, Languedoc Saint-Georges-d'Orques, Languedoc Saint-Saturnin, Languedoc Sommières

DENOMINACIÓN REGIONAL
Languedoc

VARIEDADES

SYRAH

Casis, frambuesa, pimienta, mora, cacao

Se trata de una variedad precoz a la que le gusta jugar con los límites, ya que sus mejores expresiones nacen en suelos poco fértiles. El reto consiste en obtener una buena madurez sin sobremadurar bajo el sol mediterráneo. Reina en el Ródano septentrional; sin embargo, en el Languedoc es donde más se planta.

Cereza negra, frambuesa, guinda, ciruela, moka

CARIÑENA

Muy productiva, con un alto contenido en alcohol y demasiado plantada en el siglo XXI, durante mucho tiempo fue objeto de críticas, hasta el punto de que los sindicatos del sector acabaron limitando su presencia en los coupages. Hoy quiere redimir su imagen ante el público y demuestra que en buenos terroirs y con rendimientos controlados merece mucho la pena.

Ciruela pasa, cereza, cuero, violeta, garriga

GARNACHA

Esta variedad española no es muy tánica y a menudo se mezcla con syrah y/o mourvèdre para producir vinos más estructurados. También se utiliza en la composición de vinos dulces naturales.

Ciruela, mora, fresa, violeta

MERLOT

Al igual que en Burdeos, suele mezclarse con cabernet sauvignon. Aporta fruta y redondez. Esta variedad se utiliza más en las IGP que en las AOC de Languedoc. Al ser sensible al calor, prefiere los suelos frescos arcillocalcáreos.

Frambuesa, rosa, almendra, tilo, melocotón

CINSAULT

Se trata de una variedad poco conocida que ha ido perdiendo terreno. Se estima que su superficie se ha reducido a la mitad en menos de treinta años. Suele utilizarse para la elaboración de rosados, pero también puede producir tintos afrutados y fáciles de beber.

Casis, ciruela pasa, aceituna, pimienta

MOURVÈDRE

De origen catalán (monastrell), ha cruzado la frontera y sigue teniendo vistas al mar. Es una variedad resistente y tardía que no teme a la canícula. A menudo cumple un papel secundario en las mezclas, por detrás de la syrah y la garnacha. En Francia se encuentra exclusivamente en el sur.

SYRAH 20%

CARIÑENA 19%

GARNACHA 18%

DEL LANGUEDOC

OTRAS VARIEDADES DE BLANCA

La picpoul también está presente y se distingue por su carácter vivo con un toque de acidez. Al oeste, la zona de Limoux alberga una de las variedades más antiguas del Languedoc, que destaca por su redondez: la clairette.

OTRAS BLANCAS

MUSCAT

VIOGNIER

CABERNET SAUVIGNON

CHARDONNAY

SAUVIGNON

MOURVÈDRE

CINSAULT

MERLOT

1%
1%
1%
4%
5%
5%
5%
5%
10%
11%

Cáscara de naranja, higo, pasas, jazmín

MUSCAT À PETITS GRAINS

Esta variedad de origen griego se ha cultivado desde la antigüedad en todos los viñedos que bordean el Mediterráneo. En el Languedoc, se utiliza principalmente para la producción de Vins Doux Naturels. Sus bayas son tan dulces que atraen a las avispas, que pueden succionar todo el zumo hasta dejar solo la piel de la uva.

Acacia, melocotón blanco, mango, jazmín

VIOGNIER

Conocida en todo el mundo como la variedad de Condrieu (Ródano septentrional), está en boca de viticultores de todo el mundo. Una nariz única de frutas exóticas. Un maridaje perfecto con unos langostinos a la plancha.

Limón, hierba cortada, sílex, pomelo

SAUVIGNON

En Languedoc, es una de las pocas variedades de uva que se vinifica sola. Conocida en todo el mundo por los vinos de Burdeos y Sancerre, prefiere los suelos de sílex, marga o caliza.

Manzana, pera, brioche, avellana

CHARDONNAY

Plantada en 41 países del mundo, la chardonnay es una de las variedades de uva blanca más conocidas. ¿Su punto fuerte? Su carácter todoterreno que deja que el suelo hable por sí mismo: mineral en un suelo calcáreo y más redonda en un terreno arcilloso o arenoso. La frase favorita de los extranjeros en Francia: «un chardonnay, s'il vous plaît».

Casis, cedro, regaliz, menta

CABERNET SAUVIGNON

En ninguna región del sur de Francia falta esta variedad. Sus bayas pequeñas y de piel gruesa tienen unos taninos inimitables. Suele mezclarse con merlot y tiene un gran potencial de envejecimiento.

Casis, violeta, pimienta, romero

Frambuesa, fresa, tomillo, romero

Pic Saint-Loup *tinto*

Pic Saint-Loup *rosado*

Corconne

Claret

Brouzet-lès-Quissac

Vacquières

Gailhan

Lecques

Sauteyrargues

Carnas

St-Clément

Pic Saint-Loup

Rouet

Aspères

Salinelles

MONTAGNE D'HORTUS 520 m ▲

Valflaunès

Fontanès

Garrigues

Campagne

Mas-de-Londres

PIC ST-LOUP 658 m ▲

Galargues

Saussines

Cazevieille

St-Mathieu-de-Tréviers

St-Hilaire-de-Beauvoir

Boisseron

Saint-Christol

St-Jean-de-Cuculles

St-Jean-de-Cornies

Le Triadou

St-Drézéry

Saint-Drézéry

Beaulieu
Restinclières

St-Christol

Saturargue

Les Matelles

Guzargues

Vérargues

Sussargues

Assas

St-Geniès-des-Mourgues

St-Gély-du-Fesc

Murles

Prades-le-Lez

Teyran

Castries

Vailhauquès

St-Clément-de-Rivière

St-Brès

Valergues

LUN

Combaillaux

Baillagues

Grès de Montpellier

Clapiers

Vendargues

Lansargues

Montarnaud

Jacou

Le Crès

Mudaison

Grabels

CASTELNAU-LE-LEZ

Saint-Georges-d'Orques

La Méjanelle

Candillargues

MAUGUIO

St-Georges-d'Orques

Juvignac

MONTPELLIER

Murviel-lès-Montpellier

Pignan

Lavérune

Laguna de Maugio

Saussan

St-Jean-de-Védas

LATTES

Cournonterral

Fabrègues

Pérols

La Grande-Motte

Cournonsec

Laguna de Méjean

Villeneuve-les-Maguelone

Laguna de l'Arnel

Palavas-les-Flots

GOLFO DE AIGUES-MORTES

Le Gra du-R

Montbazin

0   2   4 km

Montpellier

Perpiñán

Pic Saint-Loup y su región

Pic Saint-Loup

syrah, garnacha, mourvèdre, cinsault, cariñena

1200 ha

10%

90%

Se dice que un gran vino nace en un gran decorado. Esta región no es una excepción. Aquí se sitúan frente a frente el Pic Saint-Loup (658 m) y el monte Hortus (520 m). Como rascacielos en medio de la garriga, se ven desde lejos y son la puerta de entrada a las Cevenas. Además de embellecer el paisaje, estos dos colosos canalizan los vientos de la región, refrescan las viñas tras la puesta de sol y retienen las nubes: es la zona más irrigada del Languedoc. El microclima del valle ofrece una rara amplitud térmica: hasta 20 grados de diferencia entre el día y la noche. Estas fuertes variaciones, unidas a las cimas calizas, ofrecen un suelo ideal para la syrah, que predomina

> **Un gran vino nace en un gran decorado**

en el viñedo. Alrededor de las parcelas, la naturaleza sigue siendo silvestre y se puede apreciar la presencia de encinas, genista, tomillo y romero.

Anteriormente conocido con la denominación «Coteaux du Languedoc», Pic Saint-Loup se convirtió en cru en 1994 y luego obtuvo su propia AOC en 2017. La región es como el Languedoc: siempre ha sido conocida, pero solo recientemente reconocida. En veinte años, Pic Saint-Loup ha encontrado su lugar entre los terroirs de élite del sur de Francia. Los vinos son profundos, sorprendentemente frescos y aptos para envejecer. En la denominación hay unas cuarenta fincas. Los viticultores jóvenes y veteranos apuntan en la misma dirección que la cima: hacia arriba.

 **600** ha
100%

Saint-Georges-d'Orques

Se trata del corazón del cinturón verde que rodea Montpellier. La denominación se divide en dos terroirs: En-bas y En-hauts. El primero está formado por una meseta de guijarros filtrantes naturales, mientras que el segundo presenta puntas de sílex sobre un suelo arcillocalcáreo.

 **130** ha
100%

Saint-Drézéry

La denominación se distingue por la presencia de cantos rodados que favorecen la maduración de la uva. En el Languedoc, es una de las zonas menos lluviosas.

12 000 ha
100%

Grès de Montpellier

En occitano, la palabra «grès» indica un relieve pedregoso apto para el cultivo de la vid. Los aerosoles marinos contrarrestan los veranos áridos. Todas estas denominaciones pertenecían a la familia de los Coteaux du Languedoc y después a los Grès de Montpellier. Desde 2014, se autorizan indicaciones geográficas más precisas para reconocer el trabajo de los viticultores y resaltar los crus locales.

 **130** ha
100%

Saint-Christol

Este terroir es ideal para la mourvèdre, una variedad a menudo minoritaria. Vinos generosos y especiados.

90 ha
100%

La Méjanelle

El suelo de cantos rodados sobre arcilla roja recuerda a Châteauneuf-du-Pape. Un prometedor futuro fruto del trabajo de un puñado de viticultores.

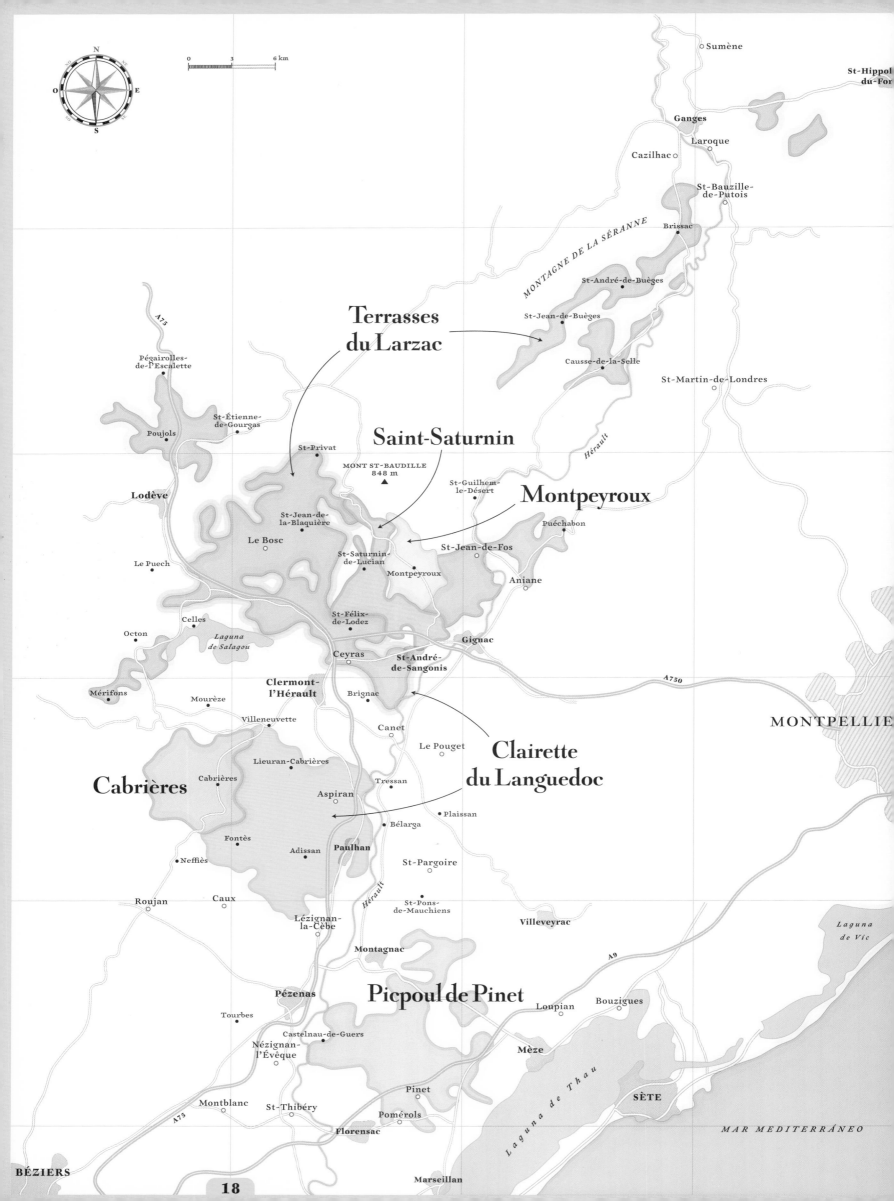

N
O · E
S

0   3   6 km

St-Hippol du-For

Sumène

Ganges

Laroque

Cazilhac

St-Bauzille-de-Putois

MONTAGNE DE LA SÉRANNE

Brissac

St-André-de-Buèges

St-Jean-de-Buèges

Terrasses du Larzac

Pégairolles-de-l'Escalette

Causse-de-la-Selle

St-Martin-de-Londres

St-Étienne-de-Gourgas

Poujols

St-Privat

Saint-Saturnin

MONT ST-BAUDILLE
848 m ▲

St-Guilhem-le-Désert

Montpeyroux

Lodève

St-Jean-de-la-Blaquière

Le Bosc

St-Saturnin-de-Lucian

Puéchabon

St-Jean-de-Fos

Le Puech

Montpeyroux

Aniane

Celles

Laguna de Salagou

St-Félix-de-Lodez

Octon

St-André-de-Sangonis

Gignac

Ceyras

A 750

Mérifons

Brignac

Clermont-l'Hérault

Mourèze

MONTPELLIE

Villeneuvette

Canet

Le Pouget

Clairette du Languedoc

Lieuran-Cabrières

Tressan

Cabrières

Cabrières

Aspiran

Fontès

Plaissan

Bélarga

Adissan

Paulhan

Neffiès

St-Pargoire

Roujan

Caux

Hérault

St-Pons-de-Mauchiens

Villeveyrac

Laguna de Vic

Lézignan-la-Cèbe

Montagnac

A 9

Pézenas

Picpoul de Pinet

Loupian

Bouzigues

Tourbes

Castelnau-de-Guers

Nézignan-l'Évêque

Mèze

Pinet

SÈTE

Montblanc

St-Thibéry

Pomérols

A 75

Laguna de Thau

Florensac

MAR MEDITERRÁNEO

BÉZIERS

Marseillan

Del Larzac a la laguna de Thau

Montpellier

Perpiñán

Terrasses du Larzac

garnacha, mourvèdre, syrah, cariñena

2000 ha

100%

El Larzac es un altiplano que se extiende de Millau a Lodève, última prolongación del Macizo Central. A las puertas del Languedoc, la meseta desciende bruscamente de 800 a 300 metros. Las viñas se benefician de una altitud aún elevada que favorece una maduración lenta y progresiva de las uvas. Así, los vinos se caracterizan por su gran frescura. Pero el reconocimiento de su calidad llegó tarde: la AOC no se obtuvo hasta 2014. Su pliego de condiciones implica una mezcla de al menos tres variedades, de las que la cariñena suele ser la favorita.

Montpeyroux

Esta indicación geográfica de la denominación regional Languedoc se caracteriza por sus suelos arcillocalcáreos. Se producen vinos tintos cuyos requisitos son similares a los que reúnen los tintos de Terrasses du Larzac. El monte Saint-Baudille domina el paisaje y marca el final del Larzac. Los vinos están bien estructurados y tienen cuerpo.

900 ha

100%

Cabrières

Guinda, mora, violeta, regaliz, aceituna negra

Terrasses du Larzac

Más conocida como Languedoc-Cabrières, la denominación produce tintos y rosados bajo la bondadosa influencia de la tramontana, que sanea las vides en un terroir de esquisto. La syrah domina en los tintos y la garnacha y la cinsault se utilizan preferentemente para los rosados. Las variedades complementarias son la cariñena, la mourvèdre y la morrastel.

330 ha

50%   50%

Saint-Saturnin

La vecina Languedoc-Saint-Saturnin también está situada en las estribaciones del Larzac. Los suelos de esta zona se componen de esquisto y arenisca. Una vez más, las variedades son muy similares a las de la vecina denominación Terrasses du Larzac. Los tintos son redondos, con aromas de frutos rojos, cúrcuma y pimienta. Respecto a los rosados, son finos y frescos.

760 ha

45%   55%

Clairette du Languedoc

Fruta fresca, cítricos, miel, flores blancas, vainilla

Clairette du Languedoc

Tilo, espino, limón, pomelo

Picpoul de Pinet

Esta denominación de vino blanco está situada entre Béziers y las Terrasses du Larzac. Produce vinos secos y, en menor medida, vinos licorosos a partir de una única variedad: la clairette blanche. Los suelos se componen principalmente de guijarros de cuarzo, sílex y caliza. Vinos complejos que combinarán de maravilla con la rica gastronomía de Sète.

100 ha

100%

Picpoul de Pinet

Es la mayor denominación de vino blanco del Languedoc. Abarca la zona noroeste de la laguna de Thau, entre Sète, Agde y Pézenas, y puede alcanzar los 100 metros de altitud en las zonas más altas. Es una de las regiones más áridas del Hérault, con apenas 600 milímetros de precipitación anual. La picpoul blanc es la base de todos los vinos de la denominación. Esta antigua variedad autóctona se cultiva en la región desde la antigüedad.

1400 ha

100%

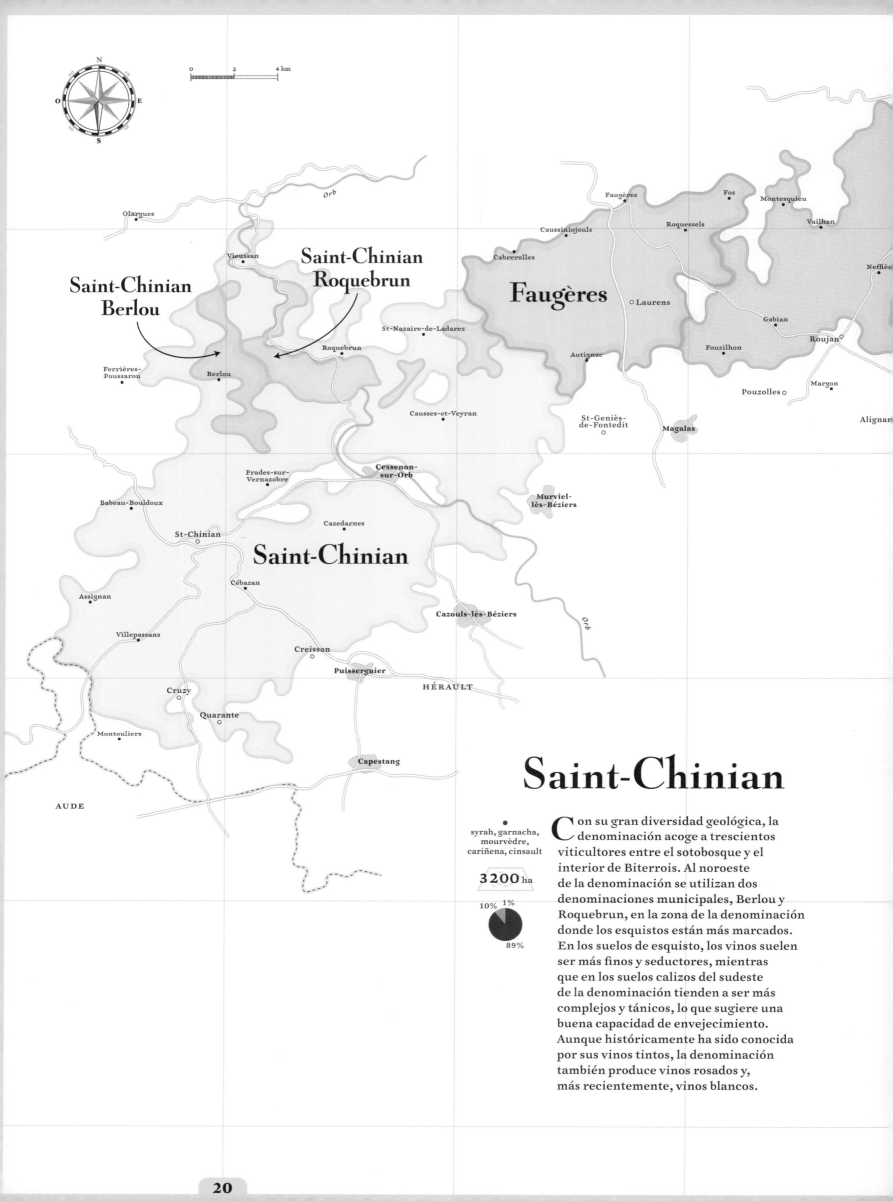

Saint-Chinian
Roquebrun

Saint-Chinian
Berlou

Faugères

Saint-Chinian

syrah, garnacha,
mourvèdre,
cariñena, cinsault

3200 ha

10% 1%

89%

C on su gran diversidad geológica, la
denominación acoge a trescientos
viticultores entre el sotobosque y el
interior de Biterrois. Al noroeste
de la denominación se utilizan dos
denominaciones municipales, Berlou y
Roquebrun, en la zona de la denominación
donde los esquistos están más marcados.
En los suelos de esquisto, los vinos suelen
ser más finos y seductores, mientras
que en los suelos calizos del sudeste
de la denominación tienden a ser más
complejos y tánicos, lo que sugiere una
buena capacidad de envejecimiento.
Aunque históricamente ha sido conocida
por sus vinos tintos, la denominación
también produce vinos rosados y,
más recientemente, vinos blancos.

Saint-Chinian, Faugères y Pézenas

Notas ahumadas, café torrefacto, cacao

Saint-Chinian
tinto sobre esquisto

Garriga, casis, flores blancas, mora

Saint-Chinian
tinto sobre caliza

Cereza, casis, laurel, regaliz

Faugères
tinto

Notas florales, melocotón, azahar

Faugères
rosado

Garriga, casis, regaliz, tabaco

Pézenas
tinto

Faugères

cariñena, cinsault, garnacha, mourvèdre, syrah

2100 ha

3%
17%
80%

Al norte de Béziers, este viñedo se extiende hasta el valle del Orb y abarca siete municipios del departamento de Hérault. Una rareza en el Languedoc: se permite la producción de los tres colores (desde 2005) y la integración de los blancos. El clima es sin duda mediterráneo, atemperado debido a una altitud media de 300 metros. Los suelos, dominados por esquistos areniscos, favorecen los vinos minerales y equilibrados. De este deseo de destacar un terroir concreto, se creó la mención «Faugères, Grand Terroir de Schistes» para los vinos de mayor calidad.

Pézenas

garnacha, mourvèdre, syrah, cariñena, cinsault

1500 ha

100%

La viticultura, presente desde tiempos inmemoriales en la cuenca mediterránea, se desarrolló sobre todo en el siglo XVIII, en paralelo al auge industrial: cerca del 80 % de las tierras agrícolas de Pézenas están cubiertas de viñedos. Este viñedo mediterráneo, en el que las lluvias son escasas, se asienta sobre suelos de esquisto, calizos y aluviales con formaciones volcánicas entre 0 y 300 metros de altitud. Los vinos tintos de la denominación tienen aromas de fruta negra, garriga y un bouquet complejo, lo que da como resultado un vino potente y delicado a la vez.

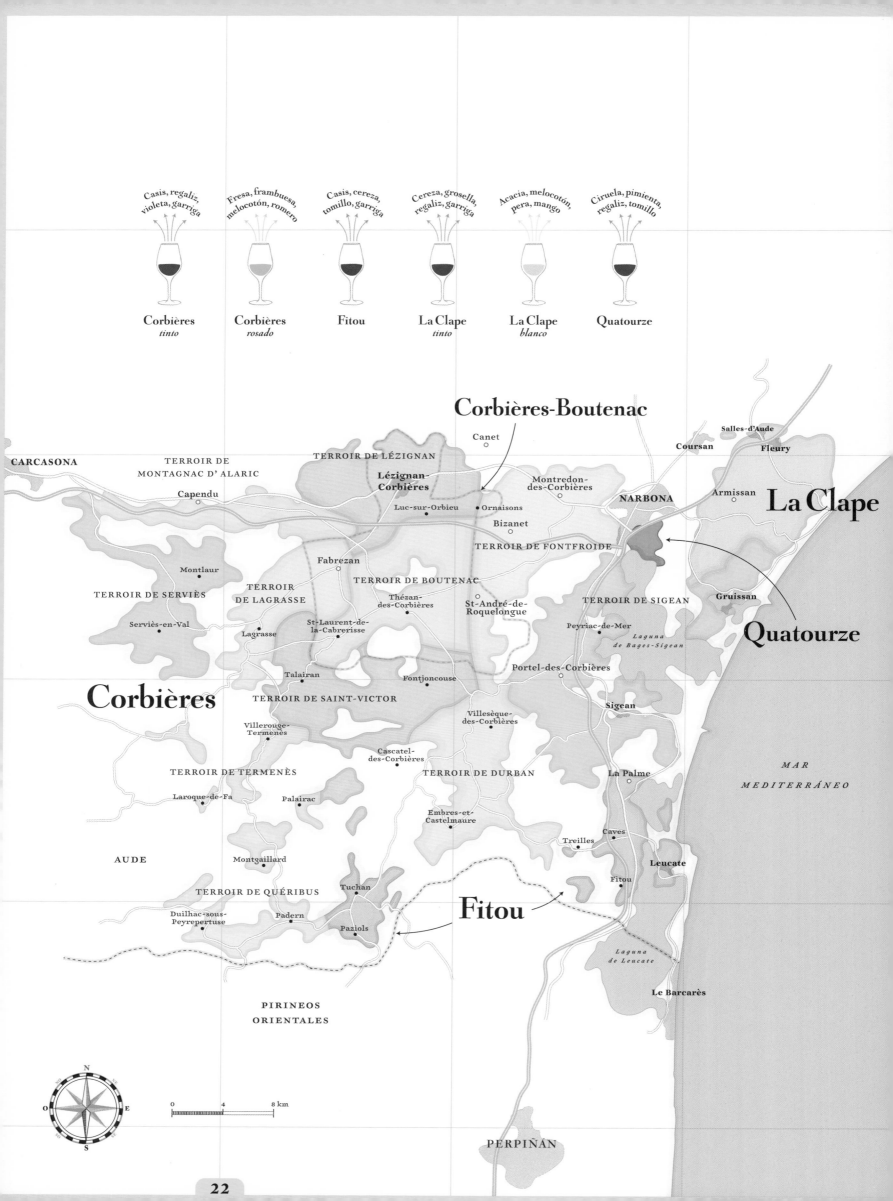

Casis, regaliz, violeta, garriga

Fresa, frambuesa, melocotón, romero

Casis, cereza, tomillo, garriga

Cereza, grosella, regaliz, garriga

Acacia, melocotón, pera, mango

Ciruela, pimienta, regaliz, tomillo

Corbières *tinto*

Corbières *rosado*

Fitou

La Clape *tinto*

La Clape *blanco*

Quatourze

Corbières-Boutenac

Canet

Salles-d'Aude

Coursan

Fleury

CARCASONA

TERROIR DE MONTAGNAC D'ALARIC

TERROIR DE LÉZIGNAN

Lézignan-Corbières

Montredon-des-Corbières

NARBONA

Armissan

La Clape

Capendu

Luc-sur-Orbieu

Ornaisons

Bizanet

TERROIR DE FONTFROIDE

Fabrezan

Montlaur

TERROIR DE BOUTENAC

TERROIR DE SERVIÈS

TERROIR DE LAGRASSE

Thézan-des-Corbières

St-André-de-Roquelongue

TERROIR DE SIGEAN

Gruissan

Quatourze

Serviès-en-Val

Lagrasse

St-Laurent-de-la-Cabrerisse

Peyriac-de-Mer

Laguna de Bages-Sigean

Talairan

Fontjoncouse

Portel-des-Corbières

Corbières

TERROIR DE SAINT-VICTOR

Sigean

Villerouge-Termenès

Villesèque-des-Corbières

MAR MEDITERRÁNEO

Cascatel-des-Corbières

TERROIR DE TERMENÈS

TERROIR DE DURBAN

La Palme

Laroque-de-Fa

Palairac

Embres-et-Castelmaure

Caves

Treilles

AUDE

Montgaillard

Leucate

Fitou

TERROIR DE QUÉRIBUS

Tuchan

Fitou

Duilhac-sous-Peyrepertuse

Padern

Paziols

Laguna de Leucate

Le Barcarès

PIRINEOS ORIENTALES

N

O · E

S

0   4   8 km

PERPIÑÁN

Corbières, Fitou y La Clape

Corbières

cariñena, garnacha, syrah, mourvèdre

garnacha blanca, maccabeu, roussanne, marsanne, vermentino

11 000 ha

9% 3%
88%

Este gigante mediterráneo es la mayor AOC del Languedoc. Produce cincuenta y tres millones de botellas al año. Aquí los vientos son fuertes; los suelos, áridos, y domina la cariñena. Conocido antaño como el «vin du Midi», Corbières tiene acento meridional y un buen potencial de envejecimiento. Los viticultores, dominados durante mucho tiempo por las cooperativas y aún demasiado a menudo vinculados a esa imagen de productores de simples vinos de mesa, luchan por el reconocimiento de sus diferentes terroirs. Se están desmarcando de la imagen rústica asociada a la región reduciendo la duración de la crianza en barrica para ofrecer vinos más finos. De las once zonas definidas en 1985, solo el cru de Boutenac ha obtenido una AOC. La riqueza de los suelos de Durban quizás los ponga en la senda para ser los próximos elegidos. ¡Continuará!

Es la mayor AOC del Languedoc

La Clape

garnacha, mourvèdre, syrah

bourboulenc, clairette, garnacha blanca

1000 ha

15 %
85 %

Es uno de los lugares con más horas de sol de Francia gracias a los trece vientos que se cruzan sobre los viñedos para teñir de azul el cielo durante más de tres mil horas al año. La denominación debe su nombre al macizo de La Clape, que se eleva a 214 metros y significa «montón de piedras» en occitano. Un hecho singular: La Clape aún era una isla en el siglo XIII, pero los depósitos aluviales traídos por el Aude la conectaron con tierra firme. El terroir ha conservado vestigios de su pasado insular, lo que aporta a los vinos frescura y una mineralidad casi yodada.

Fitou

Como dos pulmones de las Corbières, la denominación Fitou se extiende por dos zonas separadas por pocos kilómetros. Esta peculiaridad, poco frecuente en Francia, se explica más por vínculos históricos que geológicos.

En 2019, los vinos de Fitou son reconocidos como AOC municipal. Un ascenso que los sitúa por encima de sus vecinos de las Corbières, que siguen siendo una AOC regional. Fitou puede considerarse un cru de Corbières. Cada variedad está repartida en sus zonas favoritas: la garnacha y la cariñena en las laderas, mientras que la syrah, más sensible a la sequía, se planta en suelos especialmente profundos. La mourvèdre tiene predilección por el lujo: prefiere las parcelas con vistas al mar.

cariñena, garnacha, syrah, mourvèdre

2400 ha

100%

Quatourze

Entre Narbona y la laguna de Bages, el pulgarcito de la región destaca por la ausencia de cariñena y un suelo de cantos rodados. La zona, situada frente al mar, es ideal para la mourvèdre, que produce vinos especiados.

mourvèdre, garnacha, syrah

80 ha

100%

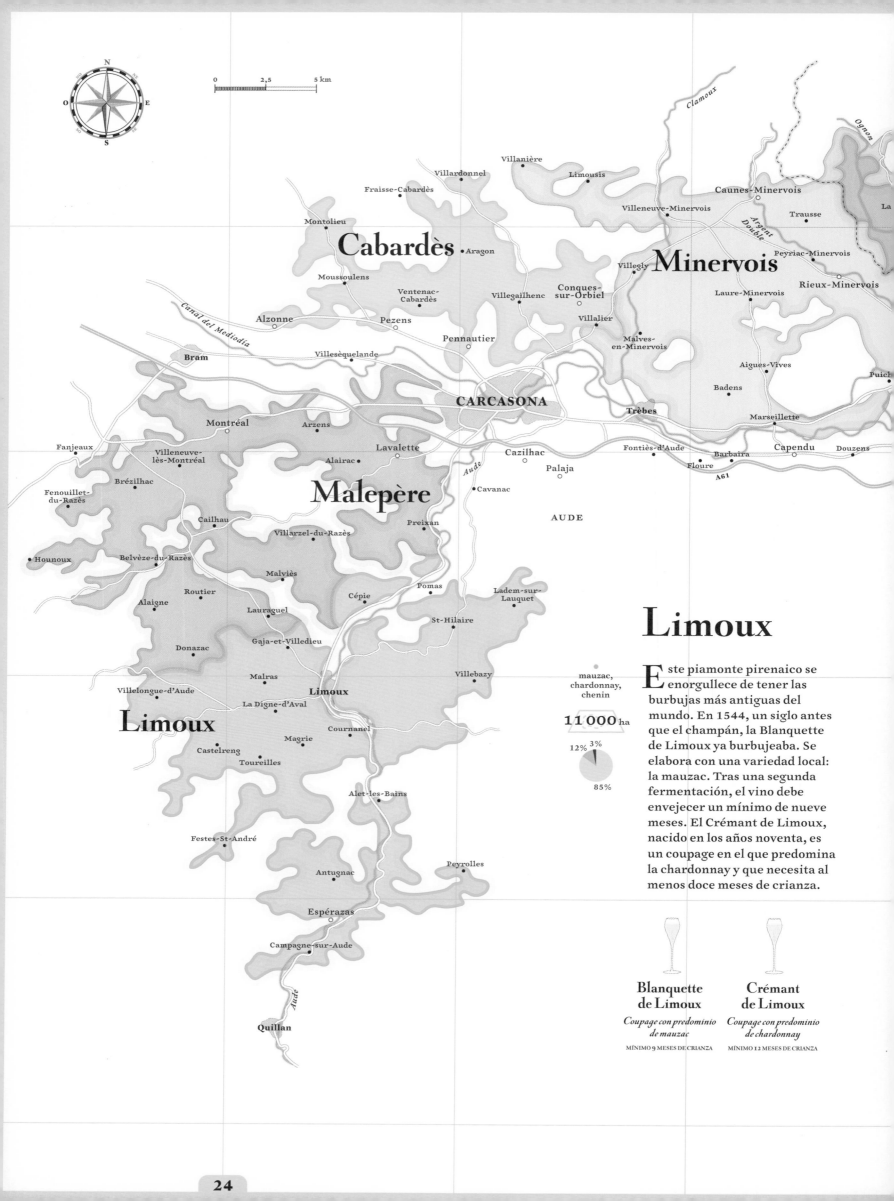

Limoux

Este piamonte pirenaico se enorgullece de tener las burbujas más antiguas del mundo. En 1544, un siglo antes que el champán, la Blanquette de Limoux ya burbujeaba. Se elabora con una variedad local: la mauzac. Tras una segunda fermentación, el vino debe envejecer un mínimo de nueve meses. El Crémant de Limoux, nacido en los años noventa, es un coupage en el que predomina la chardonnay y que necesita al menos doce meses de crianza.

mauzac, chardonnay, chenin

11 000 ha

12% 3% 85%

Blanquette de Limoux
Coupage con predominio de mauzac
MÍNIMO 9 MESES DE CRIANZA

Crémant de Limoux
Coupage con predominio de chardonnay
MÍNIMO 12 MESES DE CRIANZA

HÉRAULT

Vélieux

St-Jean-de-Minervois

Muscat de
Saint-Jean-de-Minervois

Montpellier

Cesse

La Minerve

La Caunette

Cruzy

Perpiñán

La Livinière

Aigues-Vives

Aigne

Cesseras

Bize-Minervois

La Livinière

Argeliers

Siran

Mailhac

Pépieux

Oupia

Pouzols-Minervois

Mirepeisset

AUDE

Olonzac

Azille

Ste-Valière

Homps

Ginestas

La Redorte

Tourouzelle

Argens-Minervois

Roubia

Paraza

St-Nazaire-d'Aude

Castelnau-d'Aude

Aude

uichéric

Escales

Montbrun-des-Corbières

Lézignan-Corbières

Alrededores
de Carcasona

Malepère

merlot, cabernet franc, malbec

500 ha

20%

80%

Esta jovencísima denominación se creó en 2007. En lo que respecta a las variedades, la alineación del equipo gasta aires bordeleses, pero los vinos se distinguen por la doble influencia de los climas atlántico y mediterráneo. Los viñedos no monopolizan la región, que comparten de buen grado con campos de cereales, girasoles o colza.

Cabardès

syrah, merlot, cabernet sauvignon, cabernet franc, garnacha

550 ha

15%

85%

Montpellier se aleja y Toulouse está solo a 80 kilómetros, por lo que no sorprende la influencia del sudoeste. La denominación produce dos variantes de tintos: al oeste, una mezcla de merlot y cabernet sauvignon; al este, una mezcla de syrah y garnacha.

Minervois

Pasada Carcasona, el canal du Midi prosigue su curso hacia el mar, entre Minervois y Corbières. La denominación debe su nombre a la ciudad medieval de Minerve, que ejerce de frontera climática. Las influencias atlánticas se dejan sentir en la parte oriental del viñedo, mientras que el aire mediterráneo domina el oeste.

La Livinière es el primer cru reconocido del Languedoc

Los numerosos valles han sido excavados por los cuatro ríos que descienden de la Montaña Negra: el Clamoux, el Argent Double, el Ognon y el Cesse. El tamaño de la plantación y la variación de los suelos de caliza, guijarros y esquisto ofrecen una diversidad que respeta el alma de la región: vinos ricos y generosos. Como si estuviera enclavado en la gran zona de denominación Minervois, La Livinière, reconocido como Premier Cru del Languedoc en 1999, produce un potente vino tinto elaborado con el trío syrah-garnacha-cariñena.

garnacha, syrah, mourvèdre

4200 ha

10%

90%

Grosella, casis, regaliz, trufa

Malepère

Casis, ciruela, violeta, cuero

Cabardès

Casis, violeta, vainilla, aceituna

Minervois

Manzana verde, almendra, avellana, acacia

Blanquette de Limoux

Vinos dulces naturales

Los vinos dulces naturales son una especialidad de Languedoc-Rosellón. Son vinos alterados, producidos inicialmente como vinos tranquilos tradicionales antes de detener la fermentación del mosto mediante la adición de alcohol de origen vínico. Esta interrupción de la fermentación alcohólica tiene dos efectos: aumentar el grado alcohólico del vino y conservar el azúcar residual (de 45 a 120 g/litro según la denominación). Esta operación produce vinos alcohólicos (entre 15 y 21,5 %) que aún contienen el azúcar natural de las uvas. Hay dos tipos de vinos dulces naturales: los muscats (principalmente en el Languedoc) elaborados a partir de muscat blanc à petits grains y muscat d'Alexandrie y los vinos dulces naturales (especialmente en el Rosellón) a base de garnacha, malvoisie, macabeu o muscat.

Languedoc

- Muscat de Lunel
- Muscat de Frontignan
- Muscat de Mireval
- Muscat de Saint-Jean-de-Minervois

Rosellón

- Maury
- Rivesaltes
- Muscat de Rivesaltes
- Banyuls
- Banyuls Grand Cru
- Grand Roussillon

• Montpellier

• Perpiñán

Rosellón

El Rosellón, célebre históricamente por sus vinos dulces naturales, produce en la actualidad grandes vinos tintos con personalidad en su singular tribuna: entre montañas y el Mediterráneo.

Los viñedos del Rosellón (Pirineos Orientales) abarcan 20 000 hectáreas bañadas por más de dos mil seiscientas horas de sol al año. Rodeadas por tres macizos (Corbières, Canigou y Albères), forman una tribuna privilegiada. Los tres ríos que atraviesan el Rosellón (el Têt, el Tech y el Agly) han cincelado un relieve de terrazas y laderas con una gran variedad de suelos en los que prosperan nada menos que veinticuatro variedades.

En 1285, el alquimista Arnaud Villeneuve descubrió la técnica del «mutage», un proceso para elaborar vinos dulces naturales que consiste en añadir alcohol puro de origen vínico para interrumpir la fermentación antes de que las levaduras consuman todos los azúcares. Gracias a Maury, Rivesaltes y Banyuls, el Rosellón se convirtió en un destacado productor de vinos dulces naturales.

Al igual que los vinos licorosos, los vinos dulces naturales pugnan por seducir a la nueva generación de amantes del vino. Sin embargo, estos vinos, todavía demasiado poco conocidos, merecen mucha más atención. Hoy en día, se habla del Rosellón sobre todo gracias a los vinos secos.

Côtes du Roussillon
Côtes du Roussillon Villages

•
cariñena,
mourvèdre,
garnacha, syrah

garnacha blanca,
macabeu, tourbat

8000 ha

2500 ha
DENOMINACIÓN
MUNICIPAL

24% · 1%
75%

De la frontera sur del Aude a la frontera española, Côtes du Roussillon abarca una gran parte de los Pirineos Orientales. Con el calor y la tramontana acentuando la sequedad, hallamos vinos mediterráneos expresivos y robustos. Los Côtes du Roussillon Villages están situados más al norte, con cuatro denominaciones específicas, cada una con sus propias prescripciones en cuanto a la proporción de cada variedad: Tautavel, en el norte del departamento; las otras tres: Lesquerde, Latourde-de-France y Caramany, repartidas en una estrecha franja en torno al Agly.

Maury

Territorio histórico de los vinos dulces naturales, estos terroirs también producen vinos secos reconocidos como denominación de origen desde 2011. Cabe destacar la adaptación de la garnacha a estos suelos difíciles y áridos. Procedentes de suelos de margas esquistosas, descubrimos vinos umbrosos e intensos.

400 ha

100%

Collioure

La denominación comparte la misma área geográfica que Banyuls, pero designa solo los vinos secos. Llamados «vins naturels de Banyuls» hasta 1960, los vinos recibieron la denominación Collioure en 1971, a lo que le siguió el reconocimiento de los vinos blancos y, después, el de los rosados en 2003. Los tintos, que gozan de buena reputación, son generosos y suelen ser aptos para el envejecimiento. Además de la denominación regional Côtes du Roussillon, Collioure es la única denominación del Rosellón que reconoce los vinos rosados. Son elegantes y, a menudo, tienen un matiz de violeta.

900 ha

12%
28%
60%

ALSACIA

el paraíso de los blancos

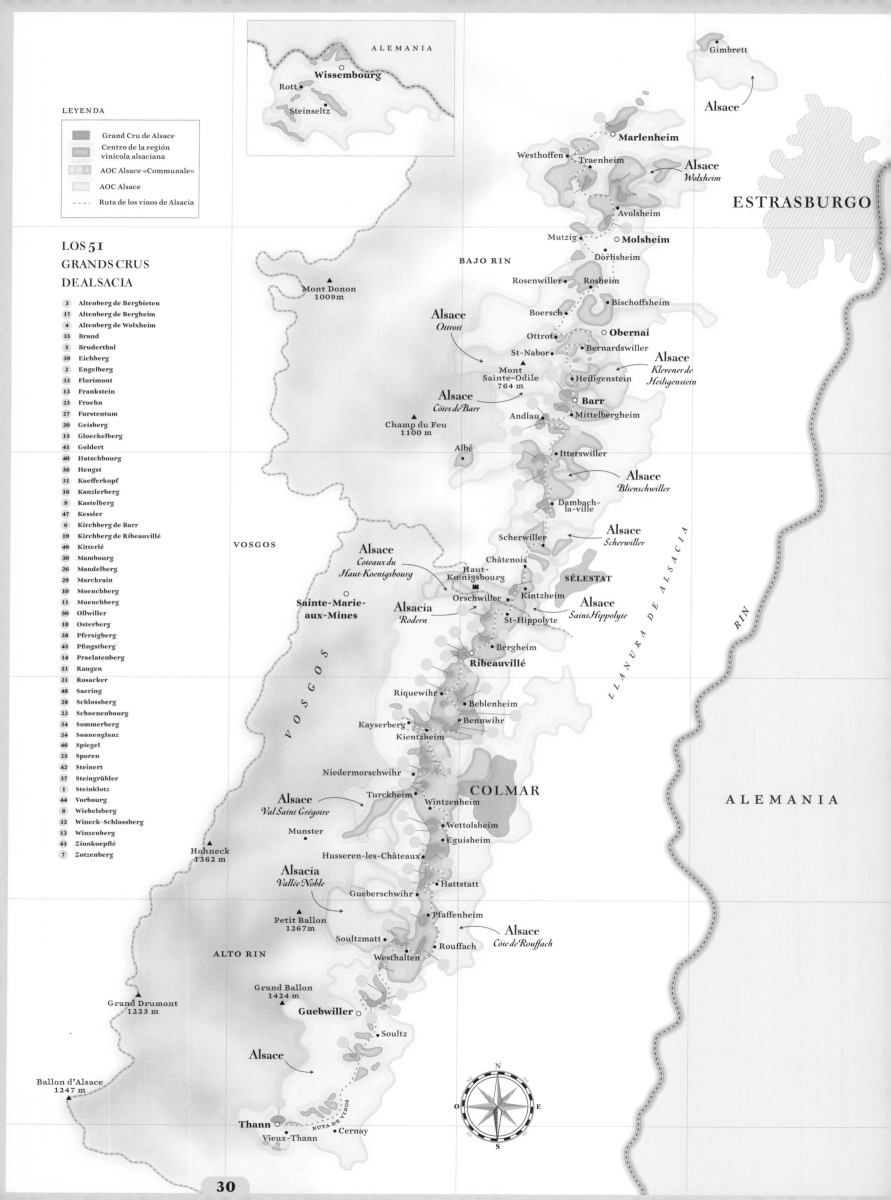

LEYENDA

- Grand Cru de Alsace
- Centro de la región vinícola alsaciana
- AOC Alsace «Communale»
- AOC Alsace
- --- Ruta de los vinos de Alsacia

LOS 51 GRANDS CRUS DE ALSACIA

3	Altenberg de Bergbieten
17	Altenberg de Bergheim
4	Altenberg de Wolxheim
35	Brand
5	Bruderthal
39	Eichberg
2	Engelberg
33	Florimont
13	Frankstein
23	Froehn
27	Furstentum
20	Geisberg
15	Gloeckelberg
41	Goldert
40	Hatschbourg
36	Hengst
31	Kaefferkopf
16	Kanzlerberg
9	Kastelberg
47	Kessler
6	Kirchberg de Barr
19	Kirchberg de Ribeauvillé
49	Kitterlé
30	Mambourg
26	Mandelberg
29	Marckrain
10	Moenchberg
11	Muenchberg
50	Ollwiller
18	Osterberg
38	Pfersigberg
45	Pfingstberg
14	Praelatenberg
51	Rangen
21	Rosacker
48	Saering
28	Schlossberg
22	Schoenenbourg
34	Sommerberg
24	Sonnenglanz
46	Spiegel
25	Sporen
42	Steinert
37	Steingrübler
1	Steinklotz
44	Vorbourg
8	Wiebelsberg
32	Wineck-Schlossberg
12	Winzenberg
43	Zinnkoepflé
7	Zotzenberg

ALEMANIA

Wissembourg

Rott

Steinseltz

Gimbrett

Alsace

ESTRASBURGO

Marlenheim

Westhoffen • Traenheim

Alsace
Wolxheim

Avolsheim

Mutzig • Molsheim

Dörlisheim

BAJO RIN

Rosenwiller • Rosheim

Mont Donon
1009m

Bischoffsheim

Boersch •

Alsace
Ottrott

Ottrott • Obernai
• Bernardswiller

St-Nabor •

Alsace
Klevener de
Heiligenstein

Mont
Sainte-Odile
764 m

Heiligenstein •

Alsace
Côtes de Barr

Barr

Andlau • Mittelbergheim

Champ du Feu
1100 m

Albé •

Itterswiller •

Alsace
Blienschwiller

VOSGOS

Dambach-
la-ville •

Alsace
Coteaux du
Haut-Koenigsbourg

Scherwiller •

Alsace
Scherwiller

Châtenois •

Haut-
Kœnigsbourg

SÉLESTAT

Sainte-Marie-
aux-Mines

Orschwiller •
Kintzheim •

Alsacia
Rodern

St-Hippolyte •

Alsace
Saint-Hippolyte

LLANURA DE ALSACIA

RIN

Bergheim •

Ribeauvillé

Riquewihr •

Beblenheim •

Bennwihr •

Kayserberg •

Kientzheim •

Niedermorschwihr •

COLMAR

Alsace
Val Saint Grégoire

Turckheim •

Wintzenheim •

ALEMANIA

Wettolsheim •

Munster

Alsacia
Vallée Noble

Eguisheim •

Husseren-les-Châteaux •

Hattstatt •

Gueberschwihr •

Hohneck
1362 m

Petit Ballon
1267m

Pfaffenheim •

Soultzmatt •

Alsace
Côte de Rouffach

Rouffach •

Westhalten •

ALTO RIN

Grand Ballon
1424 m

Grand Drumont
1223 m

Guebwiller

Soultz •

Alsace

Ballon d'Alsace
1247 m

Thann

RUTA DE VINOS

Cernay •

Vieux-Thann •

Alsacia

A los pies de los Vosgos, cerca del Rin, los viñedos alsacianos
ofrecen una gama de vinos blancos reconocidos como unos
de los más aromáticos del mundo.

Variedades
•
pinot noir

riesling, pinot gris,
gewurztraminer,
sylvaner, pinot
blanc, muscat

Hectáreas

15 600

Tipos de vino
10 %
25 %
65 %

Suelos
calcáreo, granito,
esquistos, gneis
y gres

Clima
continental

Antes de llegar a la copa, la riqueza de Alsacia se encuentra a unos metros bajo tierra. El hundimiento, hace varios millones de años, de un área de los Vosgos es el origen de la notable diversidad de los suelos de la región vinícola. Desde el siglo I d. C., los distintos invasores de Alsacia, ya fueran romanos, vándalos o alamanes, siempre han intentado preservar la vid y proteger a los viticultores.

Alsacia es la única región de Francia que denomina sus vinos por la variedad de uva y no por el lugar de producción. No siempre fue así: en el pasado, el menú de las posadas mostraba nombres de lugares como Gloeckelberg o Schoenenbourg. Pero después de la II Guerra Mundial, en la década de 1950, había que restaurar la imagen de los vinos de Alsacia. Los viticultores decidieron que era mejor alejarse de los nombres que sonaban demasiado… germánicos. Hoy, esta particularidad es objeto de debate entre los viticultores. Cada vez son más los que proponen un topónimo en lugar de una variedad.

Los viticultores siempre han sabido que algunos suelos producen mejores vinos que otros. Sin embargo, hasta el siglo XX no apareció un marco jurídico que reconociera los terroirs excepcionales: la denominación Grand Cru. Primero cincuenta, luego cincuenta y uno; los Grands Crus de Alsacia representan la más bella expresión de los vinos de la región. Rigurosamente delimitados por un catastro, cubren el 10 % del viñedo, pero solo representan el 2 % de las botellas producidas cada año. Esto se debe al deseo de reducir la cantidad en pro de la calidad.

Como todas las regiones del norte de Francia, Alsacia es tierra de vinos blancos, fruto de la riesling, la gewurztraminer, la pinot blanc…, aunque la pinot noir ha alcanzado una buena madurez en los últimos quince años, debido al calentamiento del planeta, y se expresa de maravilla

> **Los Grands Crus representan la más bella expresión de los vinos de la región**

en suelos calcáreos de la parte norte de la Ruta de los Vinos. Por el momento, solo los blancos pueden reclamar la denominación «Grand Cru», pero el proyecto de incluir los tintos está en marcha. Por último, no hay que olvidar la importante producción de Crémant d'Alsace, que bate récords a escala internacional. En Francia, la región ocupa el segundo lugar en volumen de vino espumoso, por detrás de Champaña.

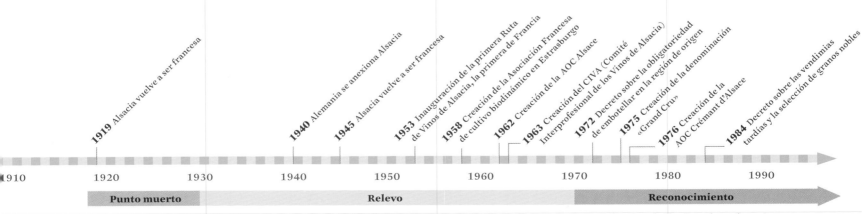

1919 Alsacia vuelve a ser francesa

1940 Alemania se anexiona Alsacia

1945 Alsacia vuelve a ser francesa

1953 Inauguración de la primera Ruta de Vinos de Alsacia, la primera de Francia

1958 Creación de la Asociación Francesa de cultivo biodinámico en Estrasburgo

1962 Creación de la AOC Alsace

1963 Creación del CIVA (Comité Interprofesional de los Vinos de Alsacia)

1972 Decreto sobre la obligatoriedad de embotellar en la región de origen

1975 Creación de la denominación «Grand Cru»

1976 Creación de la AOC Crémant d'Alsace

1984 Decreto sobre las vendimias tardías y la selección de granos nobles

1910   1920   1930   1940   1950   1960   1970   1980   1990

Punto muerto   **Relevo**   **Reconocimiento**

Caída de las ventas: ni una sola botella vendida en Alemania

Nueva generación de viticultores y cambio de imagen de la región

Los vinos de Alsacia vuelven a las mejores mesas del mundo

Melocotón, pera, sílex, limón, piña

RIESLING

Originaria del valle del Rin, es la variedad abanderada de la región. Sabe sacarle partido al suelo para revelar una paleta de aromas que oscilan entre lo mineral y lo afrutado. Un suelo granítico le confiere un perfil ligero, mientras que un suelo arcillocalcáreo o margoso la hace más estructurada. Si procede de una parcela Grand Cru, un vino de guarda puede esperar a abrirse hasta diez años. ¿Cómo reconocer a un alsaciano? Siempre tiene un riesling en la nevera.

Manzana, melocotón, uva, acacia

PINOT BLANC

Discretamente afrutada, pero menos aromática que sus vecinas, la pinot blanc es refrescante y fácil de beber. Rara vez se vinifica sola, pero se utiliza especialmente para la elaboración del Crémant d'Alsace, del que es la principal variedad. Aporta frescura al famoso espumoso alsaciano.

Lichi, piña, rosa, membrillo, canela

GEWURZTRAMINER

Gewürz significa «especia» en alemán y *Tramin* hace referencia al pueblo italiano donde nació esta variedad de uva antes de echar raíces en Alsacia. Ahora que ya sabe cómo escribirlo, ¡debe probarlo! Una auténtica invitación al viaje, su nariz es sorprendentemente rica. Es fácilmente reconocible en los viñedos gracias a sus pequeñas bayas rosas. Una variedad poco común: una cuarta parte de su producción mundial procede de Alsacia. Éxito garantizado con un queso azul de Auvernia o la cocina india.

RIESLING

23%

PINOT BLANC

21%

GEW

Frambuesa, regaliz,
fresa, cereza, pimienta

PINOT NOIR

Alsacia produce pinot noir desde hace varios siglos,
pero los vinos solían diluirse y no resultaban interesantes.
La pinot noir es la única variedad de uva tinta que
se ha hecho un huequecito y ha logrado salir de la estela
de su prima borgoñona. La región, gracias a los esfuerzos
de los viticultores y al calentamiento del planeta, que hace
que los veranos sean más calurosos, se está convirtiendo
en un estupendo terreno de juego para esta variedad de uva tinta.

PINOT NOIR

11%

MUSCAT

2%

SYLVANER

8%

PINOT GRIS

15%

20%

RZTRAMINER

Uva, pera, menta,
melocotón, naranja

MUSCAT

A diferencia de las muscat dulces del sur
de Francia, esta es tan seca como ligera.
En Alsacia se plantan dos variedades
de muscat: muscat à petits grains y muscat
ottonel. Producen vinos con bajo
contenido alcohólico que se consumen
mejor jóvenes.

Limón, acacia,
hierba cortada

SYLVANER

Es, probablemente, la variedad más
infravalorada de Alsacia. Sin embargo,
los mejores viticultores que están dispuestos
a reducir los rendimientos ofrecen joyas a
precios asequibles. La malquerida de la
región está decidida a reconquistar el
corazón de los alsacianos.

Melocotón, albaricoque,
miel, almendra

PINOT GRIS

Originaria de Borgoña, la pinot gris es una
mutación de la pinot noir. Prospera en regiones de
clima continental, ya que aprecia tanto el frío del
invierno como el sol del verano. Revela todo su
potencial cuando se cosecha como «vendimia
tardía» o «selección de granos nobles».

*Cabe destacar que Alsacia no siempre ha
cultivado las mismas variedades. En 1829
se ensalzaban los méritos de la knipperlé
o la petit rischling, variedades que han
desaparecido completamente de las hileras.*

Sur de Alsacia

De Thann a Bergheim

El sur concentra el mayor número de Grands Crus: 37 de 51. También es la parte más conocida y visitada de la Ruta del Vino, con los pintorescos y floridos pueblos de Ribeauvillé, Riquewihr o Kaysersberg. Colmar, la capital de los vinos de Alsacia, es una parada obligatoria por sus canales, sus casas con entramado de madera y sus numerosas plazas. El microclima de Colmar favorece el desarrollo de la podredumbre noble, un fenómeno conocido en Sauternes que provoca una concentración de azúcar cuando las uvas se arrugan al sol, lo que da muy buenos resultados en las vides de pinot gris y gewurztraminer. Más al sur, entre Guebwiller y Thann, las vides se elevan aún más en las laderas más altas de la región.

Pinot gris Grand Cru Rangen

La ladera de Rangensus, con sus 22 hectáreas, un terroir volcánico único de Alsacia, comienza a 320 metros y corona a 450 metros. Lo escarpado de la pendiente (60 %) hace que sea difícil, incluso peligroso, trabajar en el viñedo. Por ello, los vendimiadores se aseguran con cuerdas, como los escaladores. Al estar orientado hacia el sur, el suelo es demasiado cálido para la riesling, por lo que predomina la pinot gris.

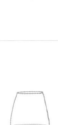

Gewurztraminer Grand Cru Hengst

Orientado al sur, este suelo de marga, caliza y arenisca domina Colmar y destaca por el predominio de la gewurztraminer, que ocupa la mitad de su superficie. *Hengst* significa «semental» en dialecto alsaciano; por tanto, no es de extrañar que estos vinos parezcan fogosos en su juventud.

Rangen
Leimbach
THANN
Vieux-Thann
Steinbach
Ollwiller
CERNAY
Wattwiller
Jungholtz
GUEBWILLER
Kitterlé
Pfingstberg
Zinnkoepflé
Ufflotz
Wuenheim
Soultzmatt
Orschwihr
Stein
Hartmannswiller
Bergholtz-Zell
Berrwiller
SOULTZ-HAUT-RHIN
Bergholtz
Westhalten
Kessler
Saering
Spiegel
Pfaffenheim
Vorbourg
Rouffach

A pocos kilómetros al oeste de la Ruta de los Vinos, a la altura de Colmar, se encuentra el valle de Munster. Ha dado nombre a la otra vedete de la región: un queso de pasta blanda de leche de vaca y corteza lavada que combina a las mil maravillas con un pinot gris Grand Cru.

Riesling Grand Cru Schlossberg

La enseña de los viñedos alsacianos es el más antiguo de los Grands Crus. En un terroir de granito, la vid se cultiva a una altitud de 230 a 400 metros en 80 hectáreas. Vinos aireados y notablemente frescos que merecen unos años para ser apreciados.

Riesling Grand Cru Brand Vendanges Tardives

Un lugar mágico, situado en el municipio de Turckheim, que brinda pinots gris que combinan frescura y densidad. La etiqueta «Vendanges Tardives» significa que la vendimia se retrasa deliberadamente para obtener uvas sobremaduradas.

Crémant d'Alsace rosé de la Vallée noble

He aquí un pinot noir 100 % que haría sonrojar a algunos en Champaña. Los aromas de fresa y frambuesa se entremezclan con las finas burbujas de este crémant orgulloso de su terroir.

Grand Cru Altenberg de Bergheim

Es el único Grand Cru en el que los viticultores pueden practicar la complantación. Gewurztraminer, riesling y pinot gris se cultivan en la misma parcela y se vendimian y vinifican a la vez. Una unión que difumina las variedades para dejar que el terroir hable por sí mismo.

LEYENDA

Grand Cru de Alsace

AOC Alsace «Lieux-Dits»

AOC Alsace

Norte de Alsacia

De Sélestat a Marlenheim

En Alsacia, las apariencias a veces engañan. El departamento del Bajo Rin está situado al norte, mientras que el del Alto Rin se encuentra al sur. Menos famosa que su vecina del sur, esta parte de la Ruta del Vino de Alsacia merece también una visita. Al salir de Estrasburgo, no tome la autopista hacia Colmar. En su lugar, siga la ruta turística más antigua de Francia, reconocida como Ruta del Vino en 1953; el turismo, al igual que el vino, merece tomarse su tiempo. Es en esta parte de Alsacia donde la pinot noir ofrece sus expresiones más hermosas, sobre todo en los suelos calizos. El castillo de Haut-Koenigsbourg, construido a 800 metros de altitud en el municipio de Orschwiller, domina el valle y sirve de frontera entre el Alto y el Bajo Rin. Este châteaux no produce vino, pero le ofrece unas impresionantes vistas de la región.

Una variedad poco conocida se esconde en los alrededores de Heiligenstein. En medio de este océano de riesling, una gota de savagnin rose se extiende sobre 44 hectáreas. En el viñedo, sus bayas rosas le confieren un aire de gewurztraminer. En la copa, es más mineral, sin ocultar sus notas de lichi.

Crémant d'Alsace

A menudo se olvida que, en la región, una de cada cinco botellas es un crémant. Dele una oportunidad a este espumoso con aromas de pera, melocotón o albaricoque. Y recuerde: un buen crémant d'Alsace es siempre mejor que un champán malo.

Sylvaner
Grand Cru Zotzenberg

D esde 2005, es el único Grand Cru que acepta sylvaner. Los viticultores de este suelo margacalizo han hecho grandes esfuerzos para proteger el medioambiente renunciando al uso de insecticidas químicos.

Riesling Grand Cru
Wiebelsberg

C uenta con protección frente a los vientos del norte por los montes Vosgos. Su suelo se compone de gres de los Vosgos, una piedra rosa que se utilizó para construir la catedral de Estrasburgo. Con 12 hectáreas, es uno de los Grands Crus más pequeños de Alsacia. Se distingue por una presencia abrumadora de riesling (96 % del viñedo).

Edelzwicker

P roviene de *Edel* que significa «noble» y *Zwicker* «mezcla». Este habitual de las fiestas de los pueblos es una mezcla de todas las variedades de uva blanca alsacianas, sin indicación de porcentaje. Un vino goloso y popular, hecho para saborearse en sus primeros años. La prueba de que está hecho para mesas numerosas: la mayoría de los viticultores lo comercializan en botellas de un litro.

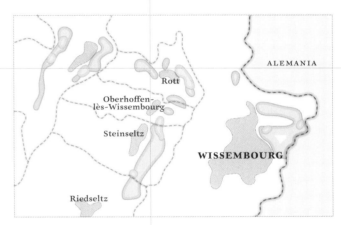

LEYENDA

- Grand Cru de Alsace
- AOC Alsace «Lieux-Dits»
- AOC Alsace

0 1 2 km

LOIRA

el nuevo Far West

Loira

Antaño tierra de reyes, las orillas del Loira se han convertido en la meca de los jóvenes viticultores. Dividida en catorce departamentos, es una de las mayores regiones vitivinícolas del mundo.

Apodada «el jardín de Francia», la región es una oda a la diversidad. Las viñas se integran en el paisaje sin monopolizarlo, lo que es bastante raro en una región vitícola.

Su fascinante constelación de castillos data del Renacimiento, cuando la corte de los reyes de Francia se instaló en la región. Ofrecía una posición estratégica en el corazón del reino y un modo de vida agradable. Y, sobre todo, muy buenos vinos. A diferencia de Burdeos, los vinos y los castillos no tienen ninguna relación, salvo por sus nombres.

El precio de la tierra sigue siendo razonable, lo que atrae cada año a jóvenes viticultores que desean crear su propia explotación. Su contribución hace del Loira una de las regiones más dinámicas y comprometidas con la protección del medioambiente.

Sobre la tierra: vides; bajo tierra: bodegas trogloditas. Estas moradas, excavadas en la roca, estaban destinadas inicialmente a los habitantes de la región. Más tarde se utilizaron como cuevas para setas. Hoy en día, la mayoría se utilizan para conservar y envejecer vinos.

Garantizan una temperatura fresca y estable todo el año.

El Loira son sus variedades. En su nacimiento, la proximidad del Beaujolais explica la presencia de la gamay. Luego vienen los grandes suelos calcáreos de Sancerre que glorifican la sauvignon blanc. En el centro de la región, la chenin blanc y la cabernet franc gozan de la bondad del clima de Anjou. Antes de desembocar en el mar, el Loira rinde tributo a la melon B de la región de Nantes.

> **El Loira son sus variedades**

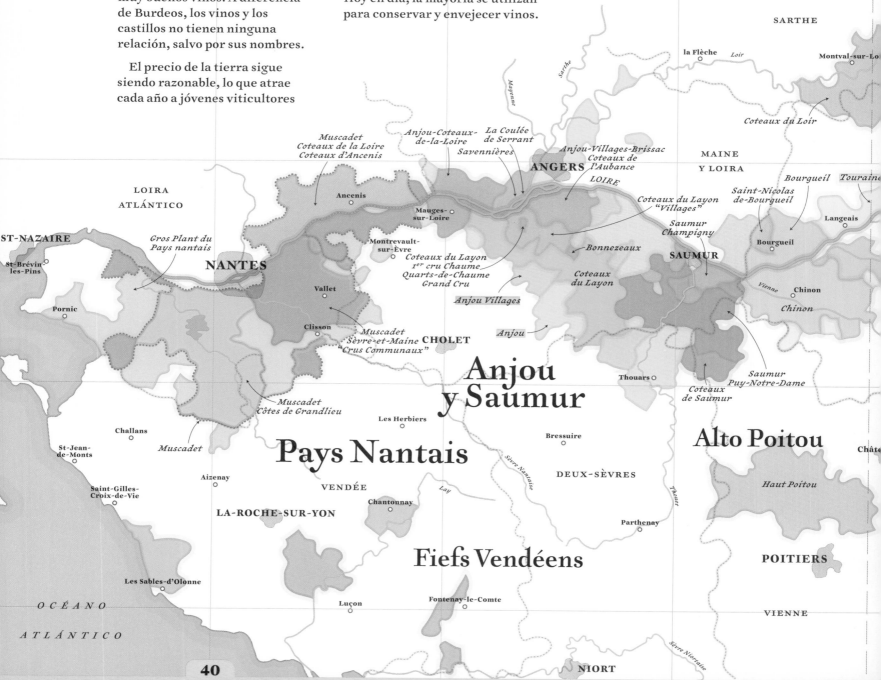

Variedades

- cabernet franc, gamay, pinot noir, grolleau
- melon B, chenin, sauvignon blanc, chardonnay

Hectáreas

57 000

47 000 en AOC

Tipos de vino

14%   21%
41%   24%

Suelos

esquistos, toba, arcillocalcáreos, calcáreos, granito

Clima

de oceánico a semicontinental

La mejor forma de visitar este viñedo es seguir el curso del Loira en bicicleta. Actualmente, existe un carril bici que une Nevers con Saint-Nazaire de más de 600 kilómetros; un auténtico crucero sobre dos ruedas por las orillas del río más largo de Francia…

LOS SUELOS DEL LOIRA

Nantais
Roca eruptiva del Macizo de Armórica

Anjou
Esquistos y gres

Saumur
Toba (tiza)

Turena
Toba, arcillas de sílex, arena, arcillocalcáreos y grava

Centro
Calcáreo kimmeridgiano, sílex y grava

Auvernia
Micaesquistos, gres, granito

Jasnières

Vendôme

Coteaux du Vendômois

-Loir

Turena

Vouvray

TOURS

Montlouis
Amboise

Touraine Noble-Joué

Touraine Azay-le-Rideau

Loches

INDRE Y LOIRA

Châtellerault

Loir

ORLÉANS

Orléans

Orléans

Orléans-Cléry

LOIRET

Cheverny

LOIRA

BLOIS

Touraine Mesland

Touraine Amboise

Cour Cheverny

Cheverny

Cherverny

LOIR Y CHER

Cheverny

Touraine Oisly

Romorantin-Lanthenay

Cher

Touraine Chenonceaux

Indre

Valençay

Vierzon

Quincy

Reuilly

BOURGES

Issoudun

INDRE

Creuse

CHATEAUROUX

Vienne

Indre

Châteaumeillant

Cher

ALLIER

YONNE

Gien

Coteaux-du-Giennois

LOIRA

Sancerre

Cosne-Cours-sur-Loire

Menetou-Salon

Sancerre

NIÈVRE

Pouilly-Fumé
Pouilly-sur-Loire

la Charité-sur-Loire

CHER

Centro

ALLIER

Saint-Pourçain

LOIRA

Allier

St-Amand-Montrond

Vichy

Côtes d'Auvergne

Riom

CLERMONT-FERRAND

Auvernia

PUY-DE-DÔME

N
O · E
S

0   15   30 km

VARIEDADES

MELON DE BOURGOGNE

Notas yodadas y cítricas, pomelo

Muscadet y melon de Bourgogne están tan estrechamente relacionadas que la denominación debe su nombre a la variedad y la variedad, a la denominación. Gracias al reciente reconocimiento de este vino vivo y fresco en todo el mundo, el exilio borgoñón ha cobrado un nuevo impulso.

Limón, hierba cortada, sílex, albaricoque

SAUVIGNON BLANC

Gran variedad de uva blanca de los viñedos del Centro Loira; aquí se producen algunos de los mejores sauvignon del mundo. Se vinifica sola en los excepcionales terroirs de Sancerre, Pouilly-Fumé, Menetou-Salon y hasta en los viñedos del Reuilly y Quincy en el Berry. Como gran intérprete de los suelos, la sauvignon desvela diferentes expresiones de una parcela a otra.

CHENIN

Brioche, guayaba, miel, membrillo

Esta variedad, hecha a medida para el Loira, es poco común en el resto del mundo. Se encuentra principalmente en Anjou y Turena, donde realza los terroirs de Savennières, Quart de Chaume, Vouvray y Montlouis. Tiene fama de ser difícil por su maduración tardía y su sensibilidad, pero es generosa para los que saben cultivarla. Ojo, flechazo garantizado.

Pera, caramelo, avellana, mantequilla fresca

Limón, espino blanco, flores blancas

CHARDONNAY

La chardonnay, originaria de Borgoña, llegó al valle del Loira durante la Edad Media. Se utiliza en la producción de Crémant de Loire y Saumur Brut. También se encuentra en la IGP Val de Loire.

FOLLE BLANCHE

Si también se la conoce como gros plant es porque la folle blanche es la variedad del Gros Plant del Pays Nantais. A la sombra de la muscadet, produce vinos poco alcohólicos con una marcada acidez.

OTRAS VARIEDADES BLANCAS

Malvoisie, chasselas, romorantin...

MELON B

16%

SAUVIGNON

15%

14%

%

CHENIN

CHARDONNAY

DEL LOIRA

OTRAS VARIEDADES TINTAS

Pineau d'Aunis, côt, négrette...

Casis, cedro, regaliz, menta

CABERNET SAUVIGNON

Su presencia en el Loira puede resultar sorprendente, pero es muy útil para elaborar vinos potentes, sobre todo en las regiones de Saumurois y Turena, donde complementa a la cabernet franc para aportar estructura y color. Su presencia suele apreciarse por un toque de menta.

Fresa, frambuesa, melocotón, pimienta

GROLLEAU

Se trata de una variedad de uva poco utilizada, sobre todo fuera del Loira, descendiente de la gouais. De gran resistencia y productividad, genera vinos afrutados, sabrosos y fáciles de beber.

Cereza, pimienta, casis, ciruela, champiñón

PINOT NOIR

Frágil y caprichosa, se ha hecho un hueco en los viñedos más septentrionales de Francia, sobre todo en Borgoña, Champaña y Alsacia, donde es la única variedad tinta. En la región del Loira, se expresa maravillosamente en los terroirs de Sancerre y Menetou-Salon.

Frambuesa, fresa silvestre, mora, cereza negra

GAMAY

Si la gamay rima con Beaujolais (región donde representa el 99 % del viñedo), también está muy presente en el Loira, desde la Vendée hasta Auvernia. Se trata de una variedad muy fértil que requiereuna buena poda para limitar el número de racimos por cepa y obtener uvas de calidad. La gamay es apreciada por su carácter ligero y fácil de beber.

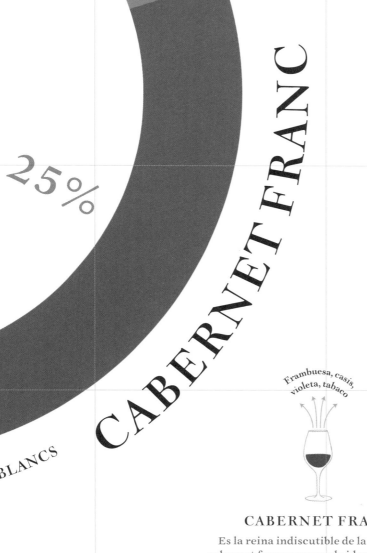

CABERNET SAUVIGNON
GROLLEAU
PINOT NOIR
GAMAY
CABERNET FRANC
AUTRES BLANCS
FOLLE BLANCHE

2% 3% 4% 8% 25% 3%

Frambuesa, casis, violeta, tabaco

CABERNET FRANC

Es la reina indiscutible de la región, la cabernet franc encarna la identidad de los tintos del Loira. Originaria del sudoeste, donde aparece en un segundo plano de los coupages, aquí suele vinificarse sola. Revela su más bella expresión en los suelos calizos y calcáreos de Chinon, Bourgueil y Saumur-Champigny.

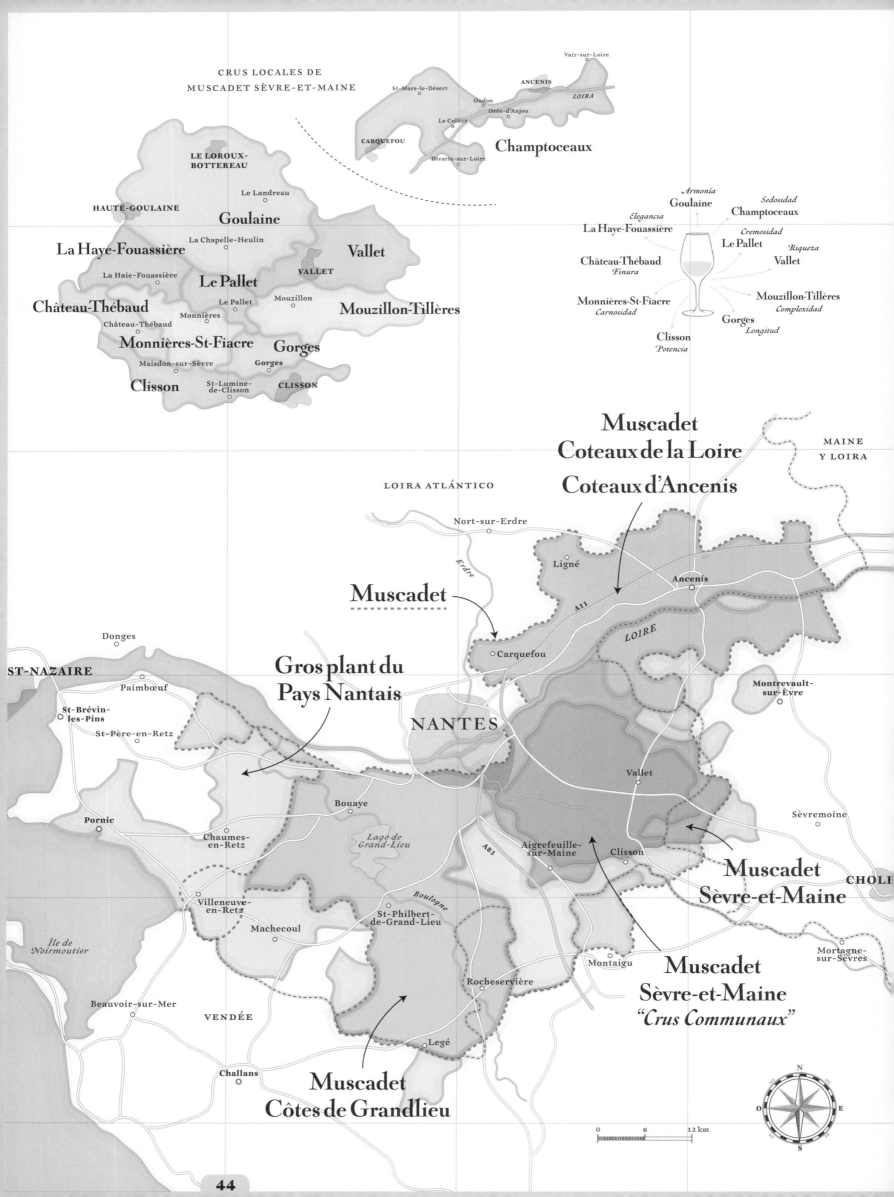

**LE LOROUX-
BOTTEREAU**

Le Landreau

HAUTE-GOULAINE

Goulaine

La Chapelle-Heulin

La Haye-Fouassière

Vallet

La Haie-Fouassière

VALLET

Le Pallet

Le Pallet

Mouzillon

Château-Thébaud

Monnières

Mouzillon-Tillères

Château-Thébaud

Monnières-St-Fiacre

Gorges

Maisdon-sur-Sèvre

Gorges

Clisson

St-Lumine-
de-Clisson

CLISSON

Vair-sur-Loire

ANCENIS

St-Mars-le-Désert

Oudon

LOIRA

Orée-d'Anjou

CARQUEFOU

Le Cellier

Champtoceaux

Divatte-sur-Loire

Armonía
Goulaine

Elegancia

Sedosidad
Champtoceaux

La Haye-Fouassière

Cremosidad

Le Pallet

Riqueza

Château-Thébaud
Finura

Vallet

Monnières-St-Fiacre
Carnosidad

Mouzillon-Tillères
Complejidad

Gorges
Longitud

Clisson
Potencia

**Muscadet
Coteaux de la Loire
Coteaux d'Ancenis**

MAINE
Y LOIRA

LOIRA ATLÁNTICO

Nort-sur-Erdre

Ligné

Ancenis

Muscadet

Erdre

A11

LOIRE

Carquefou

Donges

**Gros plant du
Pays Nantais**

ST-NAZARE

Paimbœuf

Montrevault-
sur-Èvre

St-Brévin-
les-Pins

St-Père-en-Retz

NANTES

Vallet

Pornic

Chaumes-
en-Retz

*Lago de
Grand-Lieu*

Sèvremoine

A83

Aigrefeuille-
sur-Maine

Clisson

**Muscadet
Sèvre-et-Maine**

CHOLE

Villeneuve-
en-Retz

Boulogne

*Île de
Noirmoutier*

Machecoul

St-Philbert-
de-Grand-Lieu

Montaigu

Mortagne-
sur-Sèvres

Beauvoir-sur-Mer

Rocheservière

**Muscadet
Sèvre-et-Maine
*"Crus Communaux"***

VENDÉE

Legé

**Muscadet
Côtes de Grandlieu**

Challans

0   6   12 km

N
O   E
S

Muscadet y compañía

Muscadet

melon de
Bourgogne

7900 ha

100%

Aquí es donde los continentes se separaron hace varios millones de años. Una prolongada agitación que dejó su huella y explica la riqueza de los suelos del antiguo macizo armoricano.

Otra separación marcó el destino de esta región. En 1395, Borgoña se divorció de una variedad de uva histórica de la región: la melon de Bourgogne, antiguamente conocida como gamay blanc. Tachada de desleal por Philippe le Hardi, la desterrada encontró refugio mucho más al oeste, a las puertas de Nantes. Hoy en día, muscadet es la única denominación del mundo que hace honor a esta variedad de uva.

Los bordeleses beben burdeos, los alsacianos defienden la riesling y los borgoñones llevan la pinot noir en la sangre. Pero los nanteses han estado enemistados durante mucho tiempo con la muscadet.

El muscadet ha reconquistado el corazón de los nanteses

Esto se debe a años de sobreproducción que han encasillado al vino de la región como «blanco de mesa». Incluso si estaba en la carta de restaurantes con estrella de todo el mundo, en su propia ciudad lo seguían rechazando. Afortunadamente, esa etapa ya ha pasado. Gracias al esfuerzo de los viticultores, bodegueros y restauradores, el muscadet ha reconquistado el corazón de los nanteses.

Pero los tópicos persisten y muchos consumidores siguen considerándolo un simple vino blanco ideal para las ostras. ¡Vaya error! Es el único lugar del mundo donde los blancos secos se vinifican durante veinticuatro, sesenta o incluso ciento veinte meses en cubas sobre lías finas, lo que ofrece un increíble potencial de envejecimiento. Tanto más por cuanto la melon de Bourgogne revela el terroir: no impone sus aromas, sino que se inspira en el terroir para expresar un perfil único, vinculado al propio lugar.

Desde 2011, el INAO (Instituto Nacional de Origen y Calidad) reconoce los terroirs de muscadet con diez menciones municipales. Estos crus han sido seleccionados y delimitados por sus características geológicas y topográficas. ¿El siguiente paso? El reconocimiento de los lieux-dits dentro de estos crus, al igual que los climats de Borgoña. Sin duda, este melón es borgoñón.

Gros plant du Pays Nantais

folle blanche

570 ha

100%

La zona de denominación es la misma que la del muscadet. La única diferencia está en la variedad de uva: folle blanche. Una antigua variedad utilizada para la producción de coñac y armañac que ha renacido en los alrededores de Nantes para producir vinos blancos secos y vivos de baja graduación alcohólica.

Coteaux d'Ancenis

gamay, pinot gris
(malvoisie)

150 ha

45%   30%

25%

Está claro que a la región le gustan las variedades inesperadas. Esta denominación, localizada principalmente en el norte del Loira, al este de Nantes, ofrece la mayor parte de su viñedo a la malvoisie, más conocida como pinot gris en Alsacia. Una variedad mediterránea que brinda vinos blancos suaves y golosos. La gamay da tintos afrutados típicos de la región.

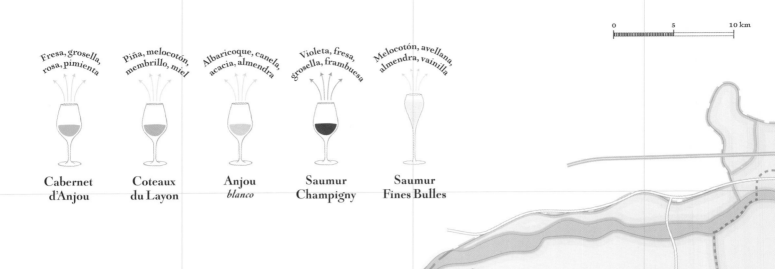

Cabernet
d'Anjou

*Fresa, grosella,
rosa, pimienta*

Coteaux
du Layon

*Piña, melocotón,
membrillo, miel*

Anjou
blanco

*Albaricoque, canela,
acacia, almendra*

Saumur
Champigny

*Violeta, fresa,
grosella, frambuesa*

Saumur
Fines Bulles

*Melocotón, avellana,
almendra, vainilla*

Mauges-
sur-Loire

Orée-d'Anjou

Anjou-Coteaux-de-la-Loire

Coteaux du Layon
Premier cru Chaume

Anjou y Saumur

Es la única región del Loira con tantas caras diferentes.
Una fuerza para la diversidad, pero una debilidad para ser
identificada. Descubra un viñedo lleno de color.

Variedades

cabernet franc,
cabernet sauvignon,
pineau d'aunis,
grolleau, gamay

chenin, sauvignon,
chardonnay

Hectáreas

19 400

Tipos de vino

5 %
10 %
12 %
18 %
55 %

Suelos

esquistos pizarrosos,
areniscas, carboníferas,
tobas, rocas volcánicas

Ni demasiado calor ni demasiado frío: es la famosa placidez de Anjou que puede encontrarse tanto en los vinos como en el arte de vivir. La cabernet franc es la variedad histórica y aún dominante de la región. En Saumur, produce vinos tintos de casta en suelos de toba. En Saumur Champigny es donde se producen los mejores. Al oeste, está en Anjou noir, nombre vinculado al suelo, compuesto principalmente de esquisto oscuro. Esta región es la tierra del cabernet d'anjou y del rosé d'anjou. ¿Conoce la diferencia entre estos dos primos? Las variedades de uva. Como su nombre indica, el primero solo admite cabernet franc y cabernet sauvignon, mientras que el segundo tolera la adición de gamay, pineau d'aunis o grolleau.

Si Anjou es tierra de rosados, la nueva generación parece decidida a escribir el futuro en blanco. Ya sea seco, semiseco o dulce, la chenin se adapta muy bien a la región. Como en Sauternes, el microclima favorece el desarrollo de la podredumbre noble. Unas semanas antes de la vendimia, un hongo llamado *Botrytis cinerea* seca las uvas, que se arrugan y se vuelven marrones al sol. Este fenómeno permite la producción de los grandes vinos licorosos del Loira (Coteaux du Layon, Quarts-de-chaume, Bonnezeaux…).

Tierra del cabernet d'Anjou y de la placidez de la región

No hay que olvidar que, después de Champaña, la región del Loira es la primera productora de espumosos de Francia, y, en particular, la región de Saumur, donde se produce el Crémant de Loire, aunque la AOC Saumur Fines Bulles es la de mayor calidad. Los viticultores pueden confiar en las cuevas trogloditas para madurar perfectamente sus espumosos; excavadas en la roca, garantizan la oscuridad y una temperatura estable durante todo el año. Antiguamente utilizadas para la producción de setas, se han convertido en la mejor baza de los viticultores.

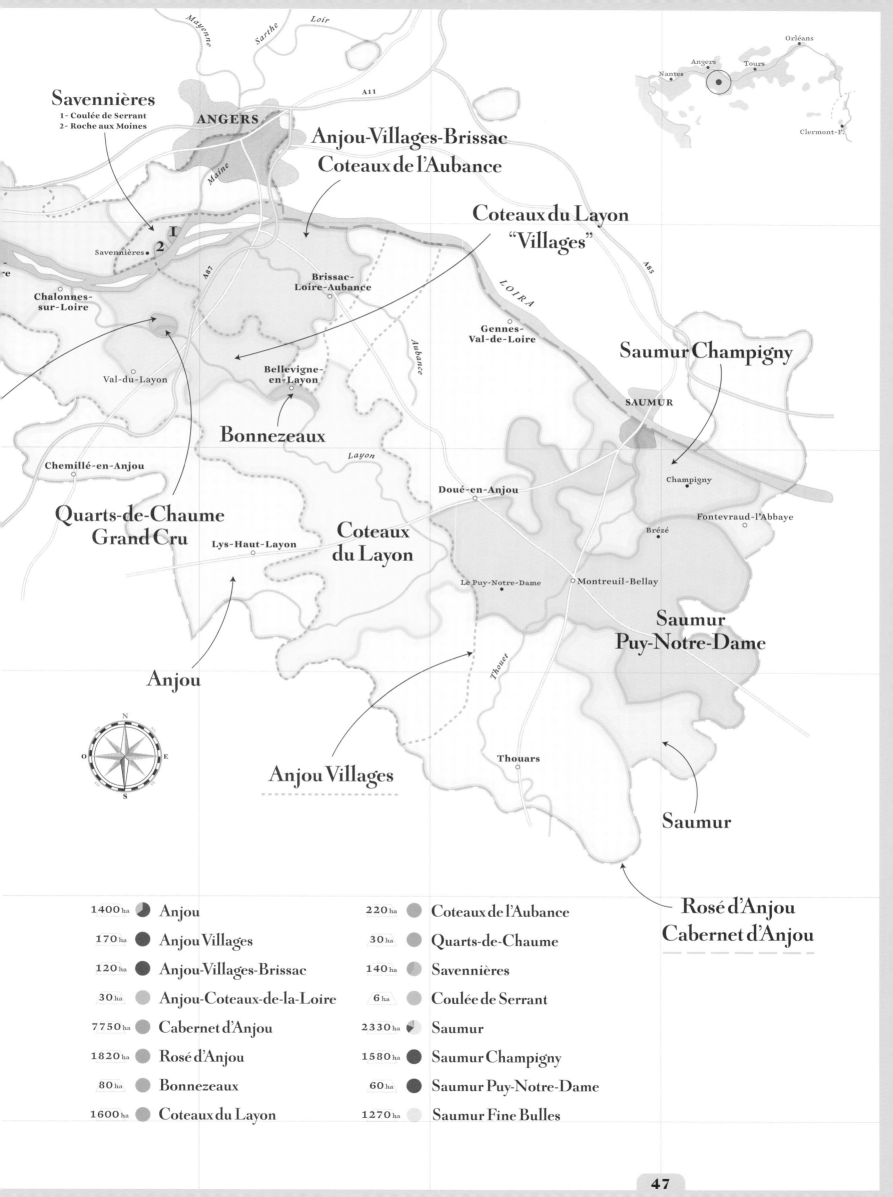

Savennières
1- Coulée de Serrant
2- Roche aux Moines

ANGERS

Anjou-Villages-Brissac
Coteaux de l'Aubance

Coteaux du Layon
"Villages"

Savennières

Chalonnes-
sur-Loire

Brissac-
Loire-Aubance

Gennes-
Val-de-Loire

Saumur Champigny

LOIRA

SAUMUR

Val-du-Layon

Bellevigne-
en-Layon

Bonnezeaux

Aubance

Champigny

Layon

Chemillé-en-Anjou

Doué-en-Anjou

Fontevraud-l'Abbaye

Brézé

Quarts-de-Chaume
Grand Cru

Lys-Haut-Layon

Coteaux
du Layon

Le Puy-Notre-Dame

Montreuil-Bellay

Saumur
Puy-Notre-Dame

Anjou

Thouet

Anjou Villages

Thouars

Saumur

Rosé d'Anjou
Cabernet d'Anjou

N
O   E
S

1400 ha	Anjou	220 ha	Coteaux de l'Aubance
170 ha	Anjou Villages	30 ha	Quarts-de-Chaume
120 ha	Anjou-Villages-Brissac	140 ha	Savennières
30 ha	Anjou-Coteaux-de-la-Loire	6 ha	Coulée de Serrant
7750 ha	Cabernet d'Anjou	2330 ha	Saumur
1820 ha	Rosé d'Anjou	1580 ha	Saumur Champigny
80 ha	Bonnezeaux	60 ha	Saumur Puy-Notre-Dame
1600 ha	Coteaux du Layon	1270 ha	Saumur Fine Bulles

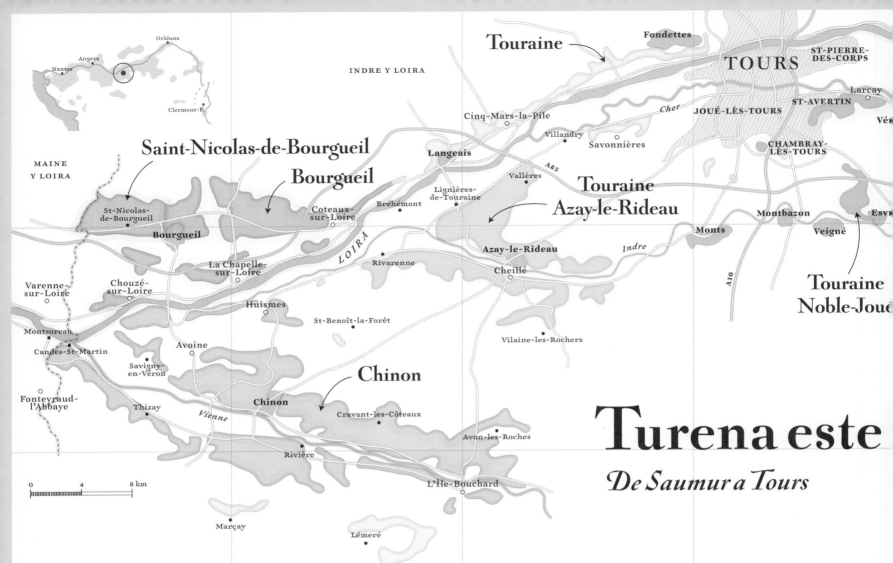

Turena este

De Saumur a Tours

Bourgueil

Denominación de moda; lo más probable es que su bodeguero le haya sugerido una botella de esta parte de la Turena. En su gran mayoría, los vinos se producen en monovarietal de cabernet franc. Entre las parcelas de arena y grava y las situadas en laderas con dominio de la toba, en Bourgueil encontramos una fascinante variedad de vinos: los de las planicies tienen más sabor a guinda y fresa, mientras que los de la toba tienden a la mora y la frambuesa.

1400 ha
5%
95%

Chinon

Elogiada por Rabelais, oriundo de la ciudad, Chinon ha conocido épocas de gran esplendor. Gracias al impulso de jóvenes viticultores, está recuperando su antigua reputación y aún puede contar con sus vinos de ladera y sus añadas de larga guarda elaborados con cabernet franc. Los rosados son deliciosos y los blancos, más reservados, son secos y frescos. Las mejores añadas pueden conservarse fácilmente hasta cinco años en las mejores cosechas. Los tintos de la denominación pueden ser delicados y aromáticos o con cuerpo y robustos.

2400 ha
8% 2%
90%

Saint-Nicolas-de-Bourgueil

En la región se dice que «el bourgueil se guarda; el saint-nicolas se bebe». Es difícil distinguir a primera vista entre estas dos denominaciones; la diferencia está bajo nuestros pies. En pocas palabras, los suelos de Bourgueil son principalmente arcillocalcáreos, mientras que los de Saint-Nicolas son en su mayor parte arenosos y de grava, lo que confiere a los vinos ligereza y delicadeza.

1100 ha
5%
95%

Touraine

Es una de las denominaciones regionales más grandes del Loira; en ella se distinguen cinco denominaciones geográficas. Los blancos secos son aromáticos, muy vivos, y se elaboran principalmente con sauvignon. Para la elaboración de espumosos se prefiere la chenin y la chardonnay. En cuanto a los tintos, la gamay, a menudo en monovarietal, da vinos ligeros y francos con aromas característicos de frutos rojos. Los rosados son muy frescos y delicados en sus coupages clásicos.

5000 ha
8%
12%
23%
57%

Touraine Noble-Joué

35 ha

100%

Denominación de rosado muy reservada, su nombre procede de la ciudad de Joué-lès-Tours y del adjetivo «noble» que se aplica a las variedades de uva de la familia de las pinot de las que se obtiene la meunier noir utilizada en este caso. Los vinos rosados ofrecen aromas de peonía, grosella, guinda y pomelo.

Touraine Azay-le-Rideau

40 ha

53% 47%

Dos variedades para dos colores; en este caso se utiliza la chenin para el blanco y la grolleau para el rosado. Este último procede incluso de unos kilómetros más allá. Es la única denominación del Loira que utiliza esta variedad sin coupages para los rosados.

Vendômois

Coteaux-du-Loir

Si seguimos el curso del Loira, los Coteaux-du-Vendômois dan paso a los Coteaux-du-Loir. Las variedades son muy similares, con predominio de la pineau d'aunis para los tintos y los rosados y de la chenin para los blancos.

75 ha

21% 42%
37%

Los tintos no son muy tánicos y tienen una agradable complejidad, mientras que los rosados son frescos y ligeros. Los blancos son secos y desarrollan, según el terroir, mineralidad o redondez.

Coteaux-du-Vendômois

En suelos limosopedregosos que cubren terrenos arcillocalcáreos, se cultiva sobre todo pineau d'aunis con gamay, cabernet franc, cabernet sauvignon o côt (malbec). La especialidad local: el vino gris, de pineau d'aunis, un rosado tan claro que parece casi transparente. Este resultado se debe a una maceración muy breve. Los tres colores son, en general, vinos que deben beberse jóvenes.

140 ha

20% 42%
38%

Jasnières

En la orilla derecha del Loira, en sus escarpadas laderas que pueden llegar a un 15 % de pendiente, orientados al sur, los viñedos albergan las cepas de chenin con las que se elabora este vino blanco de carácter reservado. La denominación revela una variedad de suelos que van del sílex a la arcilla pasando por la caliza. Estos vinos, a menudo minerales con azúcar residual, tienen aromas florales como el espino blanco y la acacia. Por lo general, merecen unos años de paciencia antes de disfrutarlos.

50 ha

100%

Coteaux-du Vendômois-

Jasnières

Coteaux-du-Loir

Mazanges

VENDÔME

Thoré-la-Rochette

Naveil

SARTHE

Loir

Chahaignes

Loir en Vallée

Couture-sur-Loire

Montoir-sur-Loir

La Chartre-sur-le-Loir

St-Martin -des-Bois

LOIR Y CHER

A28

Luceau

Marçon

Montval-sur-Loir

Vaas

Nogent-sur-Loir

0   4   8 km

St-Pierre-de-Chevillé

INDRE Y LOIRA

St-Patern-Racan

Turena oeste
De Tours a Blois

St-Lubin-en-V.

BLOIS

Valencisse

A10

Chailles

Touraine Mesland

Valloire-sur-Cisse

Mesland

Candé-sur-Beuvron

Les Montils

Touraine Amboise

Veuzin-sur-Loire

Montreuil-en-Touraine

Monteaux

Mouthou-sur-Bièvre

Chaumont-sur-Loire

Ouchamps

Cangey

Rilly-sur-Loire

Pocé-sur-Cisse

Mosnes

Cheverny

Fougères

Sambin

Chargé

Nazelles-Négron

Noizay

Vallières-les-Grandes

LOIR Y CHER

LOIRA

Souvigny-de-Touraine

Touraine Oisly

AMBOISE

Pontlevoy

TOURS

Thénay

INDRE Y LOIRA

St-Martin-le-Beau

Montrichard

Monthou-sur-Cher

CHER

La Croix-de-Touraine

Chissay-en-Touraine

Civray-de-Touraine

Angé

Thésée

Chenonceaux

Bléré

St-Georges-sur-Cher

Pouillé

Francueil

Faverolles-sur-Cher

Mareuil-sur-

Épeigné-les-Bois

Touraine Chenonceaux

Touraine Amboise

160 ha

23% 42% 35%

Este bonito viñedo de la Turena, apreciado por los reyes, bordea el castillo de Amboise y sigue las orillas del Loira hasta Mesland. La gamay está muy presente y puede ensamblarse para su envejecimiento con côt y cabernet franc.

Touraine Oisly

35 ha

100%

En los alrededores de Oisly, en la región vinícola de Sologne, este antiguo viñedo honra la sauvignon blanc y encuentra una de las expresiones más bellas del Loira. Se caracteriza por su frescura y delicadeza aromática.

Touraine Mesland

90 ha

15% 15% 70%

Desde el punto de vista histórico, en este pequeño viñedo se introdujo por primera vez la gamay en el Loira, hacia 1830. Aunque aquí se encuentran todas las principales variedades de uva del Loira, la gamay sigue ocupando un lugar destacado.

Touraine Chenonceaux

130 ha

22% 78%

Esta reciente denominación de Turena (2011) se basa en la excelente reputación del castillo de Chenonceaux para ofrecer un vino blanco elaborado exclusivamente con sauvignon blanc y un tinto con un coupage de côt y cabernet franc.

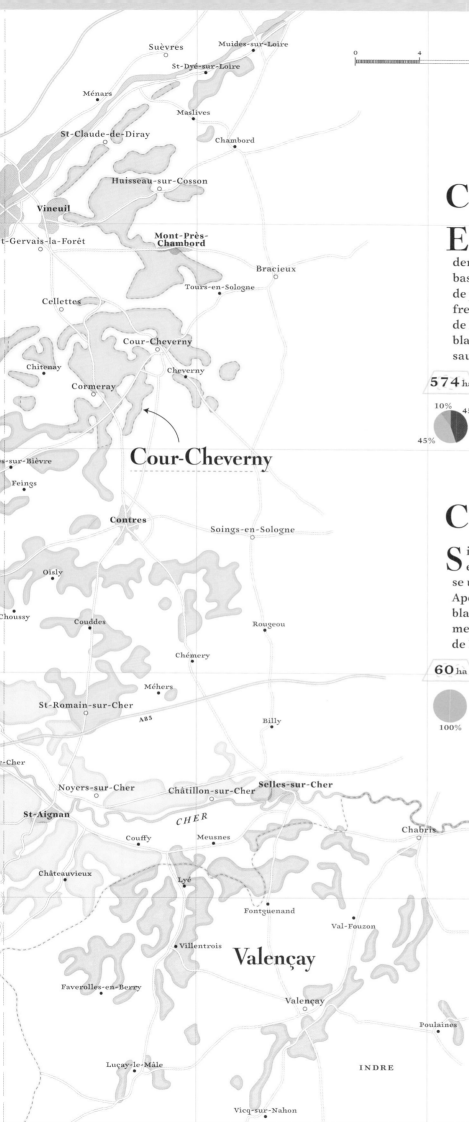

Cheverny

En torno a los castillos de Beauregard y Chambord crecen los viñedos de esta denominación, que tiene la peculiaridad, bastante rara para una AOP del Loira, de poseer suelos arenosos y un clima bastante fresco. Esto explica, en concreto, la presencia de la pinot noir, que es delicada y sutil. Los blancos, a base de chardonnay, chenin o sauvignon, son generalmente secos aunque pueden ser «semisecos», «suaves» e incluso «dulces» si así se especifica en la etiqueta. Los rosados, que son bastante escasos, resultan enérgicos y con aromas de frutos rojos.

574 ha

10%
45%
45%

Cour-Cheverny

Singularidad francesa, o incluso mundial, en una parte de la denominación Cheverny se utiliza únicamente la uva romorantin. Aporta a los vinos aromas de cítricos, flores blancas, frutas blancas e incluso ruibarbo o menta. La historia cuenta que Francisco I de Francia ordenó traer miles de cepas de Borgoña a su residencia de Romorantin (en el sudeste de la denominación), lo que dio el nombre del municipio a la variedad.

60 ha

100%

Valençay

Geográficamente, hemos cruzado la frontera de la Turena para entrar en la región de Berry. La meseta de Valençay está labrada por los valles que albergan los ríos Nahon, Fouzon y Sauldre, que desembocan en el Cher. Esto crea pequeños montículos en los que crecen tintos frescos, blancos minerales y rosados vigorosos.

140 ha

10%
40%
50%

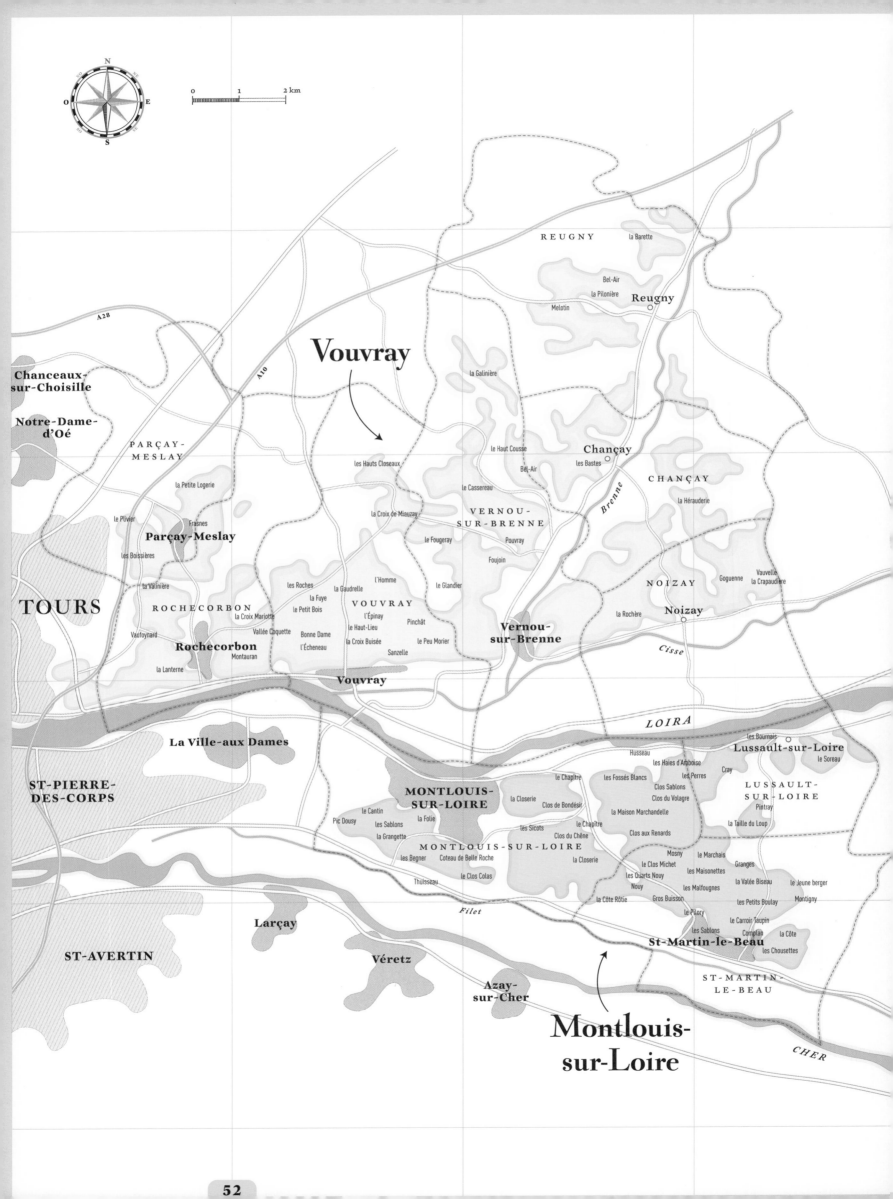

N
O
E
S

0   1   2 km

REUGNY
la Barette
Bel-Air
la Pilonière   **Reugny**
Melotin

la Galinière

**Chanceaux-
sur-Choisille**

A28

**Notre-Dame-
d'Oé**

le Haut Cousse

A10

Vouvray

les Hauts Closeaux

PARÇAY-
MESLAY

la Petite Logerie

le Plivier
Frasnes

Parçay-Meslay

les Boissières

la Croix de Miauzay

le Casssereau

Bel-Air   les Bastes   **Chançay**

Chançay

la Hérauderie

VERNOU-
SUR-BRENNE

le Fougeray   Pouvray

Foujoin

Brenne

la Valinière

les Roches

ROCHECORBON

la Croix Mariotte

la Fuye
le Petit Bois

la Gaudrelle

l'Homme

VOUVRAY

le Glandier

l'Épinay

le Haut-Lieu   Pinchât

NOIZAY

Goguenne   Vauvellé
la Crapaudière

la Rochère   **Noizay**

TOURS

Vaufoynard

Bonne Dame

Vallée Coquette

l'Écheneau

la Croix Buisée

le Peu Morier

Sanzelle

**Vernou-
sur-Brenne**

Cisse

Montauran

Rochecorbon

la Lanterne

Vouvray

LOIRA

La Ville-aux Dames

les Bournais   **Lussault-sur-Loire**

Husseau

les Haies d'Amboise   Cray   le Soreau

**ST-PIERRE-
DES-CORPS**

le Chapitre   les Fossés Blancs   les Perres

Clos Sablons   LUSSAULT-
SUR-LOIRE

**MONTLOUIS-
SUR-LOIRE**

la Closerie   Clos de Bondésir   Clos du Volagre

le Cantin   la Folie   la Maison Marchandelle   Pintray

Pic Dousy   les Sablons   le Chapitre   la Taille du Loup

la Grangette   les Sicots   Clos aux Renards

Clos du Chêne

MONTLOUIS-SUR-LOIRE

les Begner   Coteau de Belle Roche   la Closerie   Mosny   le Marchais

le Clos Michet   les Maisonettes   Granges

Thuisseau   le Clos Colas   les Quarts Nouy   la Valée Biseau   le Jeune berger

Nouy   les Malfougnes   les Petits Boulay   Montigny

la Côte Rôtie   Gros Buisson

Filet   le Pilory   le Carroir Taupin

Larçay   les Sablons   Complan   la Côte

St-Martin-le-Beau   les Chousettes

ST-AVERTIN   **Véretz**

Azay-
sur-Cher   ST-MARTIN-
LE-BEAU

**Montlouis-
sur-Loire**

CHER

Vouvray y Montlouis

En la orilla derecha, Vouvray; en la orilla izquierda, Montlouis-sur-Loire: dos AOC bordean el Loira entre Tours y Amboise y subliman la chenin con vinos tranquilos y espumosos.

Vouvray

2250 ha

30%
70%

En la orilla derecha del Loira, a 15 kilómetros al este de Tours y en la ladera de las colinas, se encuentra la meseta del viñedo de Vouvrillon, recortada por numerosos valles. Los visitantes que recorren estos pueblos en bicicleta (¡no es alto, pero sí empinado!) pueden contemplar las vetustas casas de piedra caliza y pasear por los suelos arcillosos y

El Vouvray es generoso e intenso

pedregosos. Estos dan riqueza e intensidad a los vinos blancos secos, que presentan manzana y melocotón en su juventud y tienden hacia la miel y la avellana con el tiempo. Cuando se reúnen las condiciones ideales (las bayas se colman de azúcar), se deja que la *Botrytis cinerea*, la podredumbre noble, se asiente para aportar sus notas exóticas al vino. Los espumosos, amparados en su color amarillo pajizo, aportan aromas cítricos y de brioche tras un poco de paciencia.

Montlouis-sur-Loire

Se ha confundido durante años Montlouis con Vouvray

435 ha

40%
60%

Frente a Vouvray, en la orilla izquierda del río, se encuentra Montlouis-sur-Loire, donde las primeras vides datan del siglo v. En esta zona, el Loira se ha encenagado y ya no es navegable; el puerto ha desaparecido, pero el vino sigue fluyendo, consecuencia también de una variedad única: la chenin blanc (pineau de la Loire para los lugareños). Los viñedos están situados en una meseta calcárea al sur del río. Si durante mucho tiempo se han comercializado (y confundido o incluso relegado) con el nombre de Vouvray, los vinos de Montlouis-sur-Loire, así como los producidos en los municipios de Lussault-sur-Loire y Saint-Martin-le-Beau, se han independizado. Se presentan tanto como vinos tranquilos (secos, semisecos y dulces) como espumosos.

Los vinos tranquilos, que están obligados a utilizar la palabra «seco» en la etiqueta, tienen notas afrutadas y florales cuando son jóvenes y tienden hacia la miel con la edad. Los más dulzones son más aptos para el envejecimiento y, con el tiempo, se acercan a los frutos secos y exóticos, así como a las almendras tostadas o al membrillo.

Los espumosos se caracterizan, generalmente, por sus notas cítricas y de frutas de pulpa blanca. Con la edad, tienden hacia la almendra o la cera de abeja.

Los viñedos del Centro

Reuilly

L os viñedos han abastecido durante mucho tiempo a las localidades de Bourges y Vierzon. A pesar de un periodo de inactividad desde finales del siglo XIX, un grupo de viticultores lleva cuarenta años revitalizando la denominación. Las viñas de las laderas crecen sobre marga caliza, mientras que las otras se extienden por altas terrazas de arena y grava. Los blancos, elaborados con sauvignon blanc, son secos y cítricos, mientras que los tintos de pinot noir son más bien ligeros y muy afrutados. Por último, los rosados, elaborados a partir de pinot gris, se denominan «Reuilly gris».

Quincy

S e dice que su viñedo es el más antiguo de la región Centro. Esta denominación, enclavada entre las dos partes de la de Reuilly, produce únicamente vino blanco de sauvignon blanc en suelos que le permiten alcanzar la plena madurez muy pronto. Los vinos tienen aromas de pomelo, menta fresca, pimienta y acacia.

Châteaumeillant

E ste viñedo, a caballo entre los departamentos de Indre y Cher, es el más céntrico de Francia. Los suelos de esta zona son complejos e incluyen arenisca, mica, gneis, sílice y arcilla arenosa. Esta pequeña denominación produce, principalmente, tintos de gamay y pinot noir, con fruta madura y notas de pimienta. Los rosados (conocidos como «gris») son frescos y afrutados, con notas de fruta blanca.

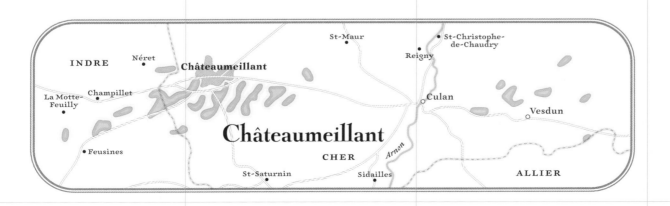

Coteaux du Giennois

El viñedo se extiende a lo largo del Loira unos 50 kilómetros. Los blancos de sauvignon son muy minerales y en ellos destacan notas de flores blancas y de membrillo, mientras que los tintos de gamay y pinot noir son finos y afrutados. Los rosados, conocidos por su delicadeza, revelan notas de melocotón, a veces ligeramente especiadas.

200 ha

28%
55%
17%

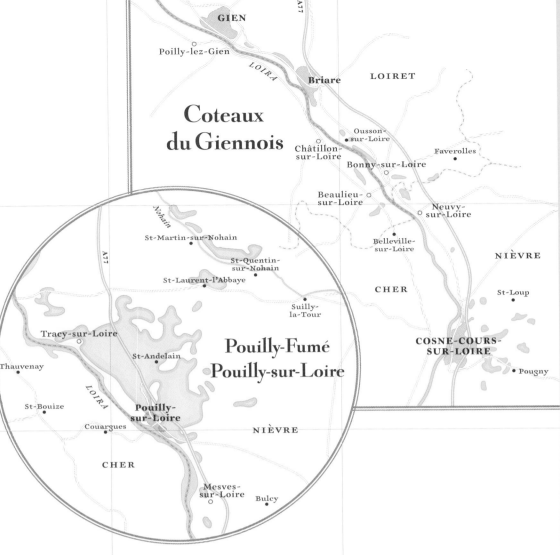

Coteaux du Giennois

GIEN

Poilly-lez-Gien

Briare

LOIRET

Ousson-sur-Loire

Châtillon-sur-Loire

Faverolles

Bonny-sur-Loire

Beaulieu-sur-Loire

Neuvy-sur-Loire

Belleville-sur-Loire

NIÈVRE

St-Loup

CHER

COSNE-COURS-SUR-LOIRE

Nohain

St-Martin-sur-Nohain

St-Quentin-sur-Nohain

St-Laurent-l'Abbaye

Suilly-la-Tour

Tracy-sur-Loire

Pouilly-Fumé Pouilly-sur-Loire

St-Andelain

Thauvenay

LOIRA

Pouilly-sur-Loire

Pougny

St-Bouize

Couargues

NIÈVRE

CHER

Mesves-sur-Loire

Bulcy

Pouilly-Fumé

No hay que confundirla con la denominación borgoñona Pouilly-Fuissé. Los vinos producidos aquí también pueden denominarse «Blanc Fumé de Pouilly». El nombre procede del hecho de que, cuando están maduras, las uvas de sauvignon se cubren de una pruina gris, razón por la que se conoce localmente como «blanc fumé». En esta zona hay tres tipos de suelo: calcáreo (llamado «caillottes»), marga y sílex. Los vinos sobre caillottes suelen ser cítricos y expresar flores blancas, mientras que sobre sílex recuerdan más al pedernal.

1350 ha

100%

Pouilly-sur-Loire

30 ha

En la misma zona de denominación que Pouilly-Fumé, encontramos los Pouilly-sur-Loire, que destacan por el uso de la variedad chasselas, muy conocida en Suiza, donde es la variedad de uva blanca más cultivada. Son vinos de buen beber que a veces pueden revelar notas de avellana.

100%

Menetou-Salon

En estos suelos calizos al noroeste de Bourges, Menetou-Salon, tiene un estrecho vínculo de parentesco con la vecina denominación de Sancerre. Las sauvignon blanc dan vinos especiados, almizclados, mentolados, con aromas a cítricos y pimienta, mientras que las pinot noir son flexibles y tienen matices de cereza, ciruela y fruta madura. Los rosados son poco frecuentes, pero maridan muy bien con el pescado.

560 ha

29%
68% 3%

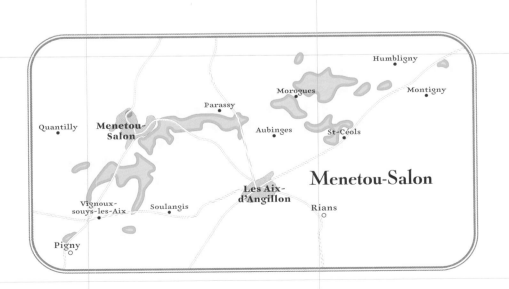

Humbligny

Morogues

Montigny

Parassy

Quantilly

Menetou-Salon

Aubinges

St-Céols

Vignoux-souys-les-Aix

Soulangis

Les Aix-d'Angillon

Menetou-Salon

Rians

Pigny

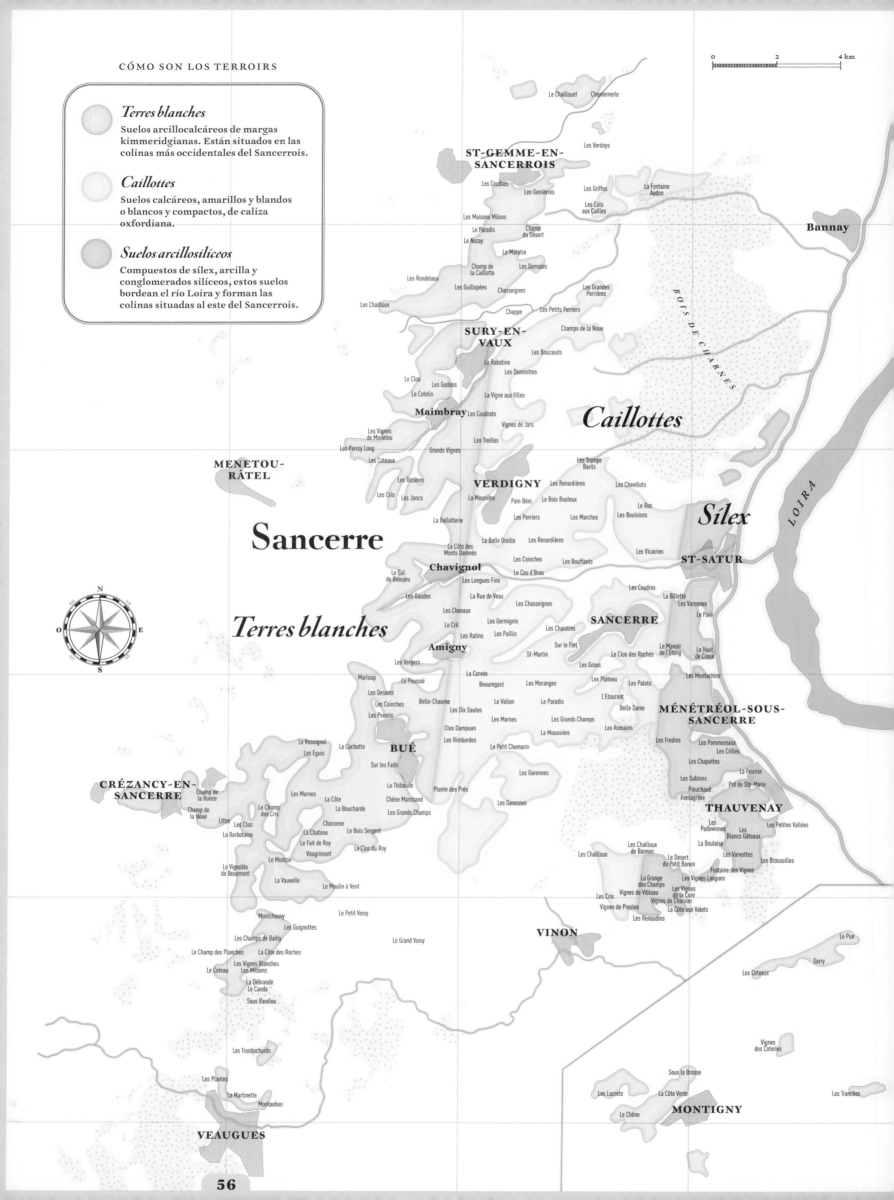

0   2   4 km

Terres blanches
Suelos arcillocalcáreos de margas
kimmeridgianas. Están situados en las
colinas más occidentales del Sancerrois.

Caillottes
Suelos calcáreos, amarillos y blandos
o blancos y compactos, de caliza
oxfordiana.

Suelos arcillosilíceos
Compuestos de sílex, arcilla y
conglomerados silíceos, estos suelos
bordean el río Loira y forman las
colinas situadas al este del Sancerrois.

Le Chaillouet   Chantemerle

Les Verdoys

ST-GEMME-EN-SANCERROIS

Les Coudres

Les Genièvres   Les Griffes   La Fontaine
Les Culs   Audon
aux Cailles

Bannay

Les Maisons Milons

Le Paradis   Champ
Le Nozay   du Désert

Le Maratre

Champ de   Les Demales
la Caillotte

Les Rondelaux

Les Guillopées   Chasseignes   Les Grandes
Perrières

B O I S   D E   C H A R N E S

Les Chailloux   Chappe   Les Petits Perriers

Champs de la Noue

SURY-EN-VAUX

Les Boucauds

La Rabotine

Le Clos   Les Godons   Les Denisottes

Le Cotelin   La Vigne aux filles

Maimbray Les Coudrats

Caillottes

Les Vignes   Vignes de Jars
de Menetou

Les Perroy Long   Les Treilles

Grands Vignes

Les Coteaux

MENETOU-RÂTEL

Les Ricanes

Les Cris   Les Joncs

Les Renardières   Les Chevillots

VERDIGNY   Le Bois Bouteux   Le Roc

La Meunière   Pain Béni   Les Bouloises
Les Perriers   Les Marches

La Ballotterie   Les Vicairies

Sílex

La Belle Oreille   Les Renardières

Sancerre

La Côte des   Les Coinches   Les Bouffants
Monts Damnés

ST-SATUR

Chavignol   Le Cou d'Brau

Les Longues Fins   Les Coudres

Le Cul   La Rue de Veau   La Billette
de Beaujeu   Les Varennes

Les Gaudes   Les Chenaux   Les Chasseignes   Le Pavé

Les Germignis   **SANCERRE**

Terres blanches   Le Cril   Les Chaintres   Le Manoir   Le Haut
Les Ratins   Les Paillis   Le Clos des Roches   de l'Étang   de Creux

Amigny   Sur le Fort

St-Martin   Les Grous

Les Vergers   La Corvée   Les Plateau   Les Montachins
                                      Les Palots
Marloup   La Poussié   Beauregard   Les Moranges   L'Étournot

Les Deserts   Le Vallon   Le Paradis   Belle Dame

Les Coinches   Belle-Chaume   **MÉNÉTRÉOL-SOUS-SANCERRE**

Les Pourris   Les Dix Saules   Les Marnes   Les Grands Champs
                                              Les Romains
Clos Dampuan   La Moussière

Les Rimbardes   Les Fredins   Les Pommereaux
                 Le Petit Chemarin   Les Crilles

Le Rossignol   La Cochotte   Les Chapottes
Les Eguis   La Pourrie

BUÉ   Les Garennes   Les Sablons   Pré de Ste-Marie
                                                     Pieuchaud
Sur les Faits   Fontagrève

La Thibaude   Les Garennes   **THAUVENAY**

CRÉZANCY-EN-SANCERRE   Chêne Marchand
                 Plante des Prés   Les Poitevinnes   Les Petites Vallées
Champ de   Les Blancs Gâteaux
la Ronce   Les Marnes   La Côte   La Boulaise
Champ de   La Boucharde
la Noue   Le Champ   Les Grands Champs   Les Chailloux   Les Varvottes
Littré   des Cris   de Bannon   Les Brousailles
     Les Clos   Chassene   Le Bois Sergent   Les Chailloux   Le Desert   Fontaine des Vignes
La Barbotaine   La Chatone   du Petit Banon   Les Vignes Longues
                Le Fait de Roy   La Grange   Les Vignes
                Vaugrimont   Le Clos du Roy   des Champs   de la Cure
Le Montoir   Les Cris   Vignes de Vibleau   Les Vignes
Le Vignoble   Vignes de Charnier   de Charnier
de Beaumont   Vignes de Presles   La Côte aux Valets
     La Vauvelle   Les Renaudins
                Le Moulin à Vent

Montchauvy   Le Petit Voisy
Les Guignottes

Les Champs de Bailly   **VINON**   Le Pue

Le Champ des Planches   La Côte des Roches

Le Coteau   Les Vignes Blanches   Le Grand Voisy   Sarry
             Les Mitsens

La Débrande   Les Coteaux
Le Canda

Sous Vaudieu

Vignes
des Coteries

Les Tronbochards

Sous la Brosse

Les Plantes   Les Lucrets   La Côte Verte   Les Tranches

La Martinette
Montauban   Le Chêne   **MONTIGNY**

VEAUGUES

L O I R A

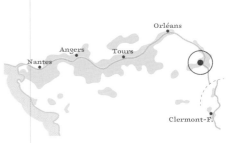

Sancerre

La sauvignon blanc se planta en todo el mundo, pero en las colinas de Sancerre es donde revela una de sus facetas más atractivas.

Variedades

- pinot noir
- sauvignon blanc

Hectáreas
2980

Tipos de vino
12%
8%
80%

Suelos
arcillocalcáreos,
arcillosilíceo
y calcáreo

Una sucesión de pueblecitos, viñedos hasta donde alcanza la vista, un relieve accidentado salpicado de numerosos lieux-dits, uvas blancas, uvas tintas… ¡Si el Loira no lindara con estos viñedos, uno pensaría que está en Borgoña! Sobre todo porque antaño era la pinot noir la que reinaba en el terreno. Pero la crisis de la filoxera, un pulgón parásito que ataca las raíces de la vid, puso patas arriba la región y abrió la puerta a otra reina: la sauvignon blanc, una variedad que remite a mineralidad y tensión, una variedad productiva: solo si se limita su rendimiento pueden obtenerse grandes vinos. Los viticultores de Sancerre demuestran que esta variedad puede, en las mejores añadas, revelar un excelente potencial de envejecimiento.

Como todos los grandes terroirs, hay que retroceder en el tiempo para comprenderlo. La región es un milhojas geológico. La riqueza de sus suelos está ligada a un acontecimiento milenario: la falla de Sancerre. Su origen se remonta al plegamiento alpino que alteró la región y desvió al Loira de su curso. En cada parcela, el suelo y el subsuelo no tienen ni la misma edad ni la misma naturaleza. Las vides crecen en capas diferentes y el relieve les proporciona distintos niveles de insolación. Todas estas variaciones, junto con el saber hacer de los viticultores, ofrecen una increíble diversidad a los vinos de Sancerre. Las parcelas de las Terres blanches ofrecen blancos con cuerpo, mientras que los Caillottes ofrecen vinos de sauvignon más afrutados, listos para beber. Los vinos producidos en los suelos pedregosos se distinguen por su mineralidad.

La región es un milhojas geológico

En los últimos años, la región ha demostrado que la presencia de la pinot noir no es casual. Los tintos son más frescos y especiados que en Borgoña, a la vez que siguen siendo más asequibles que los de la Côte de Nuits.

Cuando hablamos de maridajes, se suele decir que los productos regionales combinan a las mil maravillas. Para comprobar esta máxima, recomendamos que pruebe un vino de Sancerre con el queso local: el crottin de Chavignol.

 Pomelo, almendra, azahar

 Mango, rosa, acacia

Pera, menta, pedernal

Sancerre
en Terres blanches

Sancerre
en Caillottes

Sancerre
en Silex

LAS TRES EXPRESIONES DE UN SANCERRE BLANCO

El viñedo de Auvernia

Côtes d'Auvergne

Situado en los alrededores de Clermont-Ferrand, este pequeño viñedo, AOC desde 2010, se asienta en las laderas de los Puys (nombre dado a los volcanes), entre 250 y 500 metros de altitud. La notoria actividad volcánica de la región da lugar a suelos muy particulares que mezclan caliza, marga, basalto… Los tintos se elaboran con pinot noir y gamay, los blancos con chardonnay. Los Côtes d'Auvergne son extraordinariamente frescos y su agradable combinación con los quesos de la región ofrece gratos momentos para el paladar y la buena compañía.

230 ha

13%
22%
65%

A finales de 2020, por iniciativa de los viticultores de la región, se pidió a los expertos que determinaran las características precisas de los vinos cultivados en los volcanes de Auvernia con la intención de crear una marca para los vinos volcánicos.

Madargue

Châteaugay

Chanturgue

CLERMONT-FERRAND

Corent

Côtes d'Auvergne

Boudes

Chambaron-sur-Morge

Châtel-Guyon

Riom

Volvic

Châteaugay

Cébazat

Gerzat

Pont-du-Château

Chauriat

Ceyrat

Cournon-d'Auvergne

Mirefleurs

Veyre-Monton

Vic-le-Comte

Plauzat

Coudes

Issoire

St-Germain-Lembron

Boudes

ALLIER

A89

A71

A89

A75

Saint-Pourçain

Chemilly

Bresnay

Monétay-sur-Allier

Verneuil-en-Bourbonnais

St-Pourçain-sur-Sioule

Montord

Fleuriel

Chareil-Cintrat

Bouble

Fourilles

Chantelle

Sioule

ALLIER

Saint-Pourçain

Este viñedo está situado al sur de Moulins, a medio camino entre Nevers y Clermont-Ferrand. Los vinos de Saint-Pourçain se «exportaban» a los cuatro puntos cardinales del reino de Francia por vía fluvial, a través del Allier y el Loira. La denominación fue cayendo poco a poco en el olvido y, tras haber abandonado el blanco para concentrarse en el tinto, en 2009 obtuvo la AOC, tras lo cual trata de recuperar sus títulos nobiliarios. Si bien los refrescantes tintos de pinot noir y gamay poseen algo que cautiva, los blancos que utilizan la variedad de uva local, la tressaillier, tampoco deben obviarse, pues esta aporta una frescura y una vivacidad muy interesantes.

550 ha

29%
57%
14%

Otros viñedos del Loira

Fiefs Vendéens

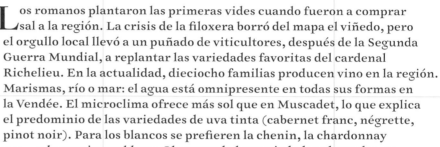

Los romanos plantaron las primeras vides cuando fueron a comprar sal a la región. La crisis de la filoxera borró del mapa el viñedo, pero el orgullo local llevó a un puñado de viticultores, después de la Segunda Guerra Mundial, a replantar las variedades favoritas del cardenal Richelieu. En la actualidad, dieciocho familias producen vino en la región. Marismas, río o mar: el agua está omnipresente en todas sus formas en la Vendée. El microclima ofrece más sol que en Muscadet, lo que explica el predominio de las variedades de uva tinta (cabernet franc, négrette, pinot noir). Para los blancos se prefieren la chenin, la chardonnay y la sauvignon blanc. Observando las variedades plantadas, se comprende rápidamente la relación de los Fiefs Vendéens con el Loira. Frente al mar, los tintos son briosos y los blancos salados.

420 ha

14% 41% 45%

Orléans Orléans-Cléry

En los cabarets parisinos, en el siglo XIX, se encontraba fácilmente vino de Orléans, un vino corriente producido en grandes cantidades. En la actualidad, los viñedos se han reducido considerablemente, pero han sobrevivido, como demuestran estas dos denominaciones. La AOC Orléans, obtenida en 2006, reconoce una curiosa mezcla de pinot noir y meunier que ofrece tintos ligeros y floridos. En el corazón de la denominación, en la orilla izquierda del Loira, la pequeña denominación Orléans-Cléry abarca 20 hectáreas y produce únicamente un vino tinto a base de cabernet franc, una variedad que difícilmente volveremos a encontrar remontando el Loira. A pesar de su potente nariz y su intenso color rojizo, es un vino bastante ligero, con taninos sedosos.

90 ha

Haut-Poitou

Antaño, los vinos solían bautizarse con el nombre del puerto desde el que salían. Por ello, los vinos del Haut-Poitou recibieron el nombre de «vinos de la Rochelle». Esta región, unida a Inglaterra en la época del matrimonio de Leonor de Aquitania con Enrique Plantagenet, disfrutó de muy buenos años gracias a los ingleses. Tanto es así que los viñedos poitevinos cubrían 40 000 hectáreas. Pero un escándalo relacionado con el tratamiento de los vinos con plomo y los estragos de las distintas guerras acabaron con este mar de vides. Hoy, nueve viticultores luchan por restaurar la imagen de este viñedo olvidado. Primera victoria: el reconocimiento de la AOC en 2011. Los blancos, mayoritarios, se elaboran con sauvignon blanc y gris; para los tintos se utilizan las variedades características del Loira: cabernet franc, pinot noir y gamay.

110 ha

13% 7% 80%

JURA

la parte de los ángeles

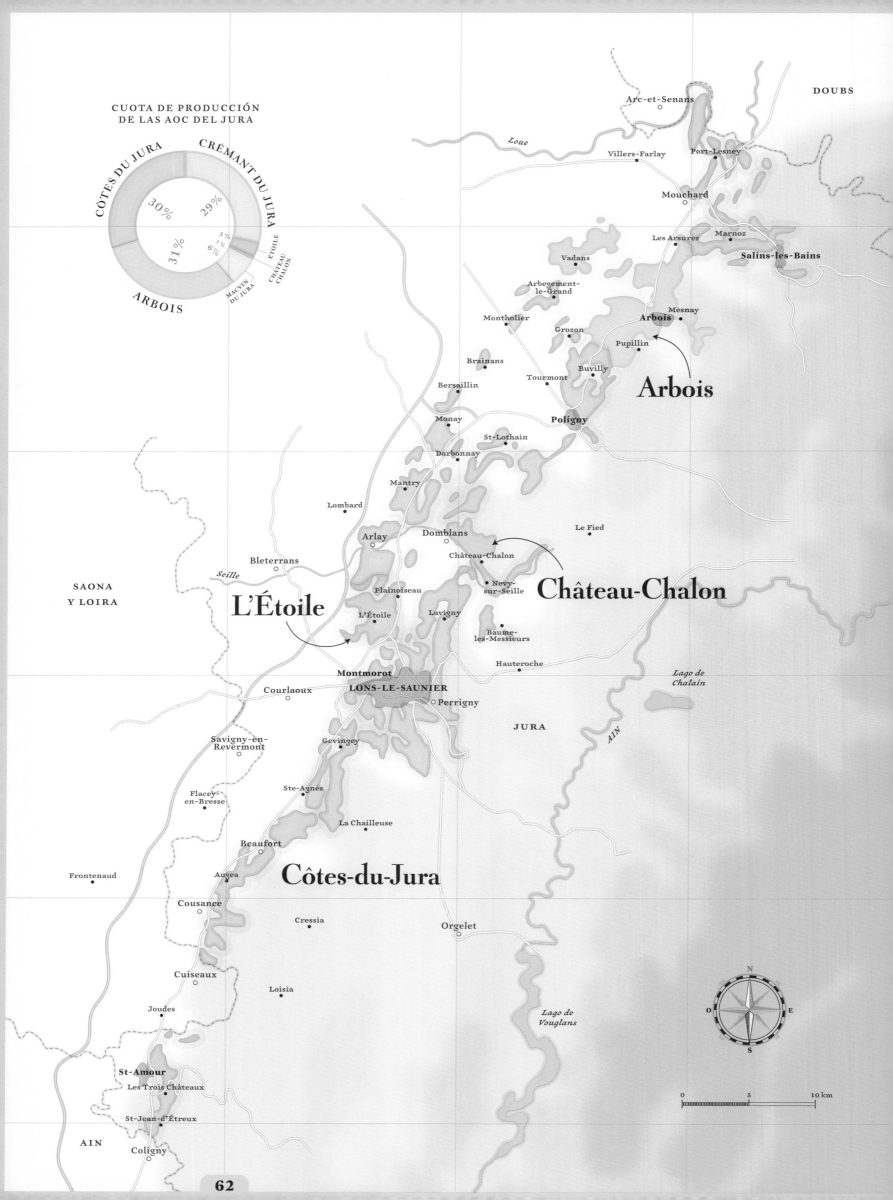

CUOTA DE PRODUCCIÓN
DE LAS AOC DEL JURA

CÔTES DU JURA

CRÉMANT DU JURA

30%

29%

31%

3%
1%
6%

ARBOIS

MACVIN
DU JURA

ÉTOILE

CHÂTEAU
CHALON

DOUBS

Arc-et-Senans

Loue

Villers-Farlay

Port-Lesney

Mouchard

Les Arsures

Marnoz

Vadans

Salins-les-Bains

Arbegement-
le-Grand

Mesnay

Arbois

Montholier

Grozon

Pupillin

Arbois

Brainans

Tourmont

Buvilly

Bersaillin

Monay

Poligny

St-Lothain

Darbonnay

Le Fied

Mantry

Lombard

Domblans

Arlay

Château-Chalon

Bleterrans

Château-Chalon

Seille

Plainoiseau

Nevy-
sur-Seille

SAONA
Y LOIRA

L'Étoile

L'Étoile

Lavigny

Baume-
les-Messieurs

Hauteroche

Lago de
Chalain

Montmorot

LONS-LE-SAUNIER

Perrigny

Courlaoux

JURA

AIN

Savigny-en-
Revermont

Gevingey

Ste-Agnès

Flacey-
en-Bresse

La Chailleuse

Frontenaud

Beaufort

Augea

Côtes-du-Jura

Cousance

Cressia

Orgelet

Cuiseaux

Loisia

Lago de
Vouglans

Joudes

N

O

E

S

St-Amour

Les Trois Châteaux

St-Jean-d'Étreux

0   5   10 km

AIN

Coligny

Jura

Este viñedo de dimensiones reducidas, concentrado en tan solo 80 kilómetros, ofrece un sorprendente abanico de vinos.

Variedades

poulsard, trousseau, pinot noir

chardonnay, savagnin

Hectáreas

1850

Tipos de vino

30 %

70 %

Suelos

arcillas, calizas y marga

Clima

continental templado

El vino de paja (vin de paille) *es otro producto original del Jura. Tras la vendimia, los viticultores dejan secar las uvas sobre un lecho de paja durante un mínimo de seis semanas. Este método produce un vino dulce por naturaleza cuyas botellas son escasas.*

Desde tintos ligeros a aguardientes, pasando por blancos oxidativos y espumosos, el Jura puede acompañar una comida de cabo a rabo. Colindante con Borgoña, la región comparte muchas similitudes con su vecina. Se trata de un viñedo en ladera repartido en una infinidad de suelos donde la chardonnay predomina entre las variedades y los viticultores se centran en los vinos monovarietales. Sin embargo, hay algo que los borgoñones no tienen: el vino amarillo. Lógicamente, un viticultor que quiera envejecer sus vinos en barricas debe practicar el rellenado. Esta técnica tiene por objeto reponer el vino que se evapora de forma natural: la famosa parte de los ángeles. Hablamos de un 5 % cada año; puede no parecer mucho, pero a lo largo de seis años los «ángeles» pueden hacer desaparecer un tercio de la barrica. En todo el mundo, cuando un vino está en contacto con el aire, se convierte en vinagre, pero en el Jura se convierte en Vin Jaune. ¿Cómo es posible? Gracias a las levaduras presentes en el aire de la región, que salen a la superficie del vino para formar un velo protector que suaviza la oxidación. Hablamos de un vino bajo velo. Esto demuestra que no solo en la vid se expresa el terroir. Un vino debe esperar seis años en barrica para reclamar la denominación «Vin Jaune». Con solo 60 hectáreas, la muy discreta AOC Château-Chalon produce los Vins Jaunes más apreciados y aptos para envejecer.

Si tiene la oportunidad de pasear por los pueblos de la región, seguramente se cruzará con estudiantes japoneses o canadienses que han hecho el viaje más por la chardonnay que por el queso comté. En diez años, el Jura se ha convertido en el referente mundial de los vinos naturales y biodinámicos. Al igual que el Beaujolais o el Muscadet, esta región fue injustamente olvidada en los años setenta. El precio de la tierra bajó y esto permitió a una nueva generación instalarse y hacer maravillas.

> **El Jura puede acompañar toda una comida**

Fresa, dátil, cuero

Arbois
tinto
VARIEDAD POULSARD

Almendra, nuez, sotobosque

Arbois
blanco
VARIEDAD SAVAGNIN

Melocotón, tilo, brioche

Crémant du Jura

Membrillo, ciruela, naranja confitada

Macvin du Jura
vino de licor

Nuez, colmenilla, manzana verde

Château-Chalon
Vin Jaune

Membrillo, miel, piña

Vin de Paille

Vainilla, guinda, uva confitada

Marc du Jura
aguardiente de orujo

Melocotón, avellana, tilo, manzana, pera

CHARDONNAY

Los viticultores no esperaron a que se impusiera la moda de la chardonnay: esta variedad de uva está en la región desde hace más de ochocientos años. Hay que decir que el departamento del Jura limita con la Côte d'Or y le bastó un paso para encontrarse en las laderas del Franco Condado, donde prefiere los suelos calcáreos.

CHARDONNAY

50%

Almendra, nuez, sotobosque, miel, manzana

SAVAGNIN

Esta prima de la gewurztraminer estuvo reservada durante mucho tiempo a la producción de vino amarillo. Hoy en día se vinifica cada vez más a la manera tradicional. No es la variedad más plantada, pero es la que mejor encarna la identidad de los blancos del Jura.

TROUSSEAU

PINOT NOIR

POULSARD

18%

10%

17%

SAVAGNIN

Cereza, guinda, cuero, fresa, nota ahumada

TROUSSEAU

Poco conocida por el gran público, es la uva tinta más robusta del Jura. Rara y caprichosa, necesita sol y algunos años de envejecimiento para revelar su potencial. Se encuentra principalmente en Arbois y Côtes-du-Jura.

Cereza, casis, fresa, sotobosque, pimienta

PINOT NOIR

Esta variedad, presente en la región desde el siglo XVI, estuvo a punto de ser arrancada. Algunos la criticaron por no ser tan buena como en Borgoña; pero el viticultor del Franco Condado no es de los que se rinden. Con la subida de las temperaturas, la comprensión de los suelos y los esfuerzos realizados en el proceso de maduración, muchas fincas están demostrando que la pinot noir tiene su hueco en la región. Y las mejores añadas pueden hacer sonrojar a más de un borgoñón...

Frambuesa, fresa, cuero, pimienta blanca, piel

POULSARD

También llamada «ploussard» en Pupillin, esta variedad juega en casa, y aunque aporta poco color, da mucha fruta. Tiene mucho en común con la gamay por su carácter afrutado y desenfadado. Ideal para acompañar otra especialidad de la región: la salchicha de Morteau.

BURDEOS

la trilogía del vino

Burdeos

Tres variedades de uva tinta, tres de blanca. Famoso en todo
el mundo, Burdeos vive actualmente una época convulsa,
pero no ha dicho su última palabra.

GIRONDA

St-Vivien-
de-Médoc

Médoc

LESPARRE-MÉDOC

St-Seurin-
de-Cadourne

Saint-Estèphe

ST-CIERS-
SUR-GIRONDE

Blayais-
Bourgeais

Braud et
Saint-Louis

Médoc

Saint-Estèphe

Pauillac

PAUILLAC

Blaye
Blaye Côtes
de Bordeaux
Côtes de Blaye

ST-SAVIN

Saint-Julien

Lago de
Hourtin
y Carcans

ST-LAURENT-
MÉDOC

Blaye

Haut-Médoc

Listrac-Médoc

Listrac-Médoc

Bourg
Côtes De Bourg

Bourg

Montagne-
Saint-Émilion

COUTRAS

Saint-Georges-Saint-Émilion

Lussac-Saint-Émilion

Moulis

CASTELNAU-
DE-MÉDOC

Margaux

Margaux

ST-ANDRÉ-
DE-CUBZAC

Lalande-de-Pomerol

Fronsac

Puisseguin-Saint-Émilion

Lago de
Lacanau

Garonne

Dordogne

Canon-
Fronsac

Pomerol

Isle

Francs Côtes de Bordeaux

LUSSAC

Montagne

Libournais

Haut-Médoc

Blanquefort

Graves
de Vayres

FRONSAC

Vayres

Libourne

Saint-Émilion

Saint-
Émilion

CASTILLON-
LA-BATAILLE

Castillon Côtes
de Bordeaux

BURDEOS

Mérignac

Beychac-
et-Caillau

Branne

SAINTE-FOY-
LA-GRANDE

Pessac

Bègles

Talence

Villenave

Premières Côtes
de Bordeaux

Entre-Deux-Mers

Gradignan

d'Ornon

CRÉON

La Sauve

Blasimon

Sainte-Foy-
Bordeaux

Pessac-Léognan

TARGON

Entre-Deux-Mers
Haut-Benauge

PELLEGRUE

LÉOGNAN

Martillac

Cadillac
Côtes De Bordeaux

Bordeaux Haut-Benauge

SAUVETERRE-
DE-GUYENNE

Bahía
de Arcachon

Portets

Escoussans

Arcachon

LA BRÈDE

Cadillac

Loupiac

MONSÉGUR

Graves
Graves Supérieures

PODENSAC

CADILLAC

Sainte-Croix-du-Mont

Cérons

BARSAC

LA RÉOLE

Graves

Barsac

ST-MACAIRE

Entre-
Deux-Mers

Côtes de Bordeaux-
Saint-Macaire

Sauternes

Langon

Sauternais

AUROS

Bordeaux
Bordeaux Supérieurs

0   10   20 km

Variedades

●
cabernet sauvignon,
cabernet franc,
merlot

●
sauvignon blanc,
sémillon, muscadelle

Hectáreas

118 000

Tipos de vino

10 %

90 %

Suelos
grava, arcillocalcáreo,
arcillocalcáreo
arenoso

Clima
oceánico templado
suave y húmedo

EL DERBI

Orilla derecha

Orilla izquierda

Es la región vitícola más famosa del mundo y la denominación más consumida de Francia. Burdeos debe su renombre a los ingleses que han llevado sus botellas por todo el mundo. Esta tierra de grandes vinos tintos es una región llena de paradojas. A pesar de la fama mundial, nadie es profeta en su tierra. ¿Demasiado caros? Los grandes châteaux, cuyos precios se han disparado en los últimos veinte años, no

A pesar de la fama mundial, nadie es profeta en su tierra

son más que una gota de merlot en el océano de los vinos de la Gironda. ¿Demasiada madera? Los jóvenes viticultores lo han comprendido y se esfuerzan por elaborar vinos más finos. ¿No es suficientemente ecológico? Entre los viñedos franceses, no es un alumno aventajado, pero tampoco es el último de la clase: la región ha hecho grandes esfuerzos en los

últimos diez años y sabe que tiene que volver a ganarse el corazón de algunos consumidores.

Todos los vinos de Burdeos son vinos de coupage: dos o tres variedades de uva se vinifican por separado antes de mezclarse en el momento del embotellado. Para los blancos, la sauvignon ofrece frescura y potencia aromática, mientras que la sémillon aporta redondez y grasa. En el caso de los tintos, la cabernet sauvignon es especialmente tánica: aporta una estructura que permite que el vino perdure en el tiempo. Por su parte, la merlot y la cabernet franc ofrecen más flexibilidad y fruta.

Burdeos tiene un sistema de distribución único en el mundo. Las grandes fincas no venden sus vinos a los distribuidores tradicionales, sino a intermediarios: los *négociants*. Estos compran las botellas *en primeur*, es decir, antes del embotellado, en la primavera siguiente a la vendimia. Esta singularidad permite a los châteaux preservar su tesorería, pero contribuye a la especulación sobre los Grands Crus.

ORILLA IZQUIERDA	ORILLA DERECHA
Suelo de grava	Suelo arcillocalcáreo
Sin relieve	Valles ligeramente inclinados
14 AOC	46 AOC
Dominio de cabernet sauvignon	Dominio de merlot
40 hectáreas	7 hectáreas (tamaño medio de una finca)
Vino tinto con cuerpo	Vino tinto más flexible
Vino tinto, blanco y licoroso	99 % vino tinto

Las vides aparecieron durante la ocupación romana de la región para saciar la sed de los soldados de las guarniciones locales.

Matrimonio de Leonor, duquesa de Aquitania, con Enrique Plantagenet, futuro rey de Inglaterra. Una alianza decisiva para la reputación de los vinos de Burdeos en todo el mundo.

Enrique III Plantagenet, rey de Inglaterra, favoreció los vinos de Burdeos en el mercado inglés (el mayor mercado de exportación de la época); privó así al resto de los productores del sudoeste de la posibilidad de exportar. Este «privilegio» duró 500 años.

Con motivo de la Exposición Universal de París, Napoleón III ordenó una clasificación de los Grands Crus de Burdeos. Unos 60 Châteaux fueron clasificados por su excepcional terroir y hoy siguen disfrutando de este reconocimiento.

La epidemia de filoxera diezmó los viñedos franceses y transformó para siempre el paisaje vitícola francés.

Se creó el INAO y el 97 % de la producción bordelesa se clasificó como AOC para limitar el fraude en la procedencia.

Inspirándose en la clasificación de 1855, se crearon clasificaciones para Graves y Saint-Émilion.

El estadounidense Robert Parker elogió la añada de 1982. Los precios se dispararon y fue el comienzo de una historia de amor entre Burdeos y el famoso crítico de vinos.

Inauguración de la Cité du Vin, el mayor museo del mundo dedicado al vino.

43-71   1152   1241   1855   1875-1892   1936   1955   1983   2016

VARIEDADES

Ciruela, especias, mora, fresa, violeta

MERLOT

A menudo pensamos en la cabernet sauvignon, pero la merlot es la verdadera reina de Burdeos, con el 59 % de la superficie plantada. Su terreno favorito: los frescos suelos arcillocalcáreos de Saint-Émilion y Pomerol. Sus pequeñas bayas dan vinos de color oscuro y aromas de frutos rojos que evolucionan, con el tiempo, hacia la ciruela pasa y la trufa.

MERLOT 59 %

Casis, cedro, pimiento verde, regaliz, menta

CABERNET SAUVIGNON

Reconocida como la base de los grandes vinos de la orilla izquierda, la cabernet sauvignon se encuentra como en casa en el Médoc y en los Graves, donde los suelos del mismo nombre le sientan de maravilla. Es una variedad tardía, por lo que se vendimia más tarde que la merlot. Aporta potencia, estructura y complejidad al vino. Se dice que tiene, principalmente, notas de frutas negras. Puede parecer austera en su juventud, pero aporta una estructura tánica que contribuye al potencial de envejecimiento del vino.

Frambuesa, pimienta, violeta, pimiento verde, ciruela

CABERNET FRANC

Se ha convertido en la reina del valle del Loira, pero no hay que olvidar que es originaria del sudoeste y que sigue utilizándose en los coupages de los grandes vinos de Burdeos. Con sus taninos finos y sus sutiles aromas de frambuesa y violeta, aporta delicadeza y complejidad a los coupages de la región, produciendo vinos afrutados. Permite que los vinos se beban más jóvenes sin impedir que las buenas añadas tengan un gran potencial de envejecimiento.

OTRAS VARIEDADES

La producción de variedades de uva tinta más allá de las tres principales sigue siendo anecdótica. No obstante, cabe destacar la utilización de la variedad pirenaica petit verdot en algunos coupages de la orilla izquierda. También se encuentra a veces, más a menudo en la orilla derecha, una variedad originaria de Quercy que tiene muchos nombres: la malbec. Muy ocasionalmente, se puede encontrar la carménère; esta variedad de uva autóctona, cruce de cabernet franc y gros cabernet, también se llama «bordo» en la región italiana de Emilia-Romaña.

DE BURDEOS

OTRAS BLANCAS

MUSCADELLE

SAUVIGNON BLANC

SÉMILLON

OTRAS TINTAS

CABERNET FRANC

CABERNET SAUVIGNON

0,5 %
0,5 %
5 %
5 %
2,5 %
8 %
19,5 %

OTRAS VARIEDADES

La colombard es una de las variedades más antiguas de la Charente, representa el 1 % del viñedo bordelés y produce vinos vigorosos con aromas cítricos y florales. La encontrará sobre todo en las regiones de Bourgeais y Blayais. De forma más anecdótica, también encontrará la merlot blanc, nacida del cruce entre folle blanche y merlot noir; la sauvignon gris, una mutación del sauvignon blanc ligeramente rosado cuando está maduro; y la ugni blanc, muy conocida por su uso en la elaboración de coñac y armañac.

Acacia, madreselva, piña, limón, albaricoque

MUSCADELLE

Se utiliza sobre todo como complemento de los vinos blancos de la región, ya sean secos o dulces. Es una variedad de uva frágil que produce vinos muy aromáticos con notas florales y almizcladas.

Limón, hierba cortada, sílex, pomelo, almendra

SAUVIGNON BLANC

Es la variedad de referencia para los blancos secos de la región. La indicada para abrir con un buen pescado o para acompañar una bandeja de ostras en la bahía de Arcachon. Aporta acidez, mineralidad y frescura. ¿Su firma? Notas de cítricos, boj y hojas de higuera.

Limón, albaricoque, higo, miel, nuez

SÉMILLON

Esta variedad de uva se utiliza principalmente para los vinos blancos dulces y licorosos de Sauternes y Entre-Deux-Mers. Los viticultores la dejan voluntariamente en la vid hasta octubre para obtener la famosa «podredumbre noble». Gracias a ello, da vinos redondos y grasos con aromas de albaricoque y miel.

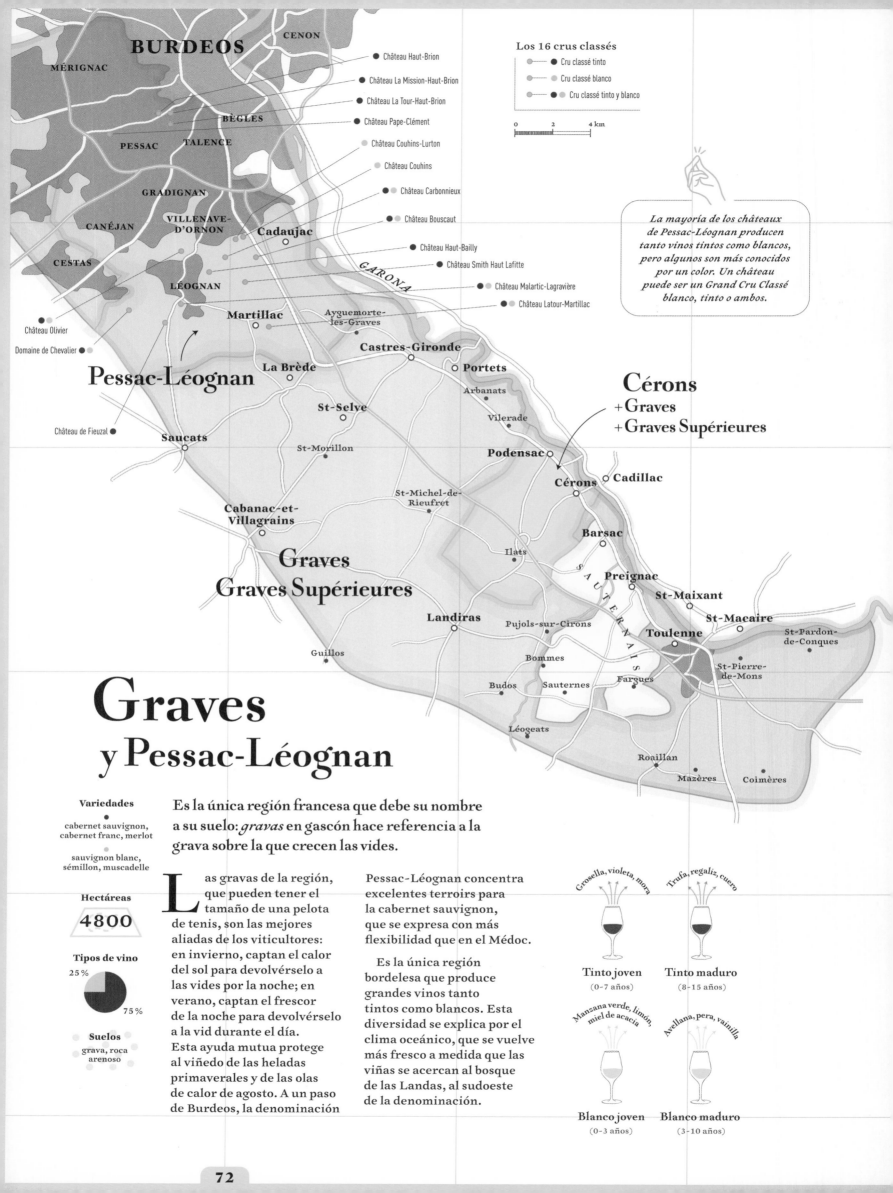

BURDEOS

CENON

MÉRIGNAC

BÈGLES

PESSAC   TALENCE

GRADIGNAN

CANÉJAN   VILLENAVE-
D'ORNON

CESTAS   **Cadaujac**

LÉOGNAN

GARONA

Château Olivier
Domaine de Chevalier

Pessac-Léognan

Martillac   Ayguemorte-
les-Graves

Château de Fieuzal

Castres-Gironde

La Brède   **Portets**

Arbanats

Saucats   **St-Selve**   Vilerade

St-Morillon

Podensac

**Cabanac-et-
Villagrains**   St-Michel-de-
Rieufret

Cérons   **Cadillac**

Cérons
+Graves
+Graves Supérieures

**Graves
Graves Supérieures**

Ilats

Barsac

SAUTERNAIS

Preignac

St-Maixant

Landiras   Pujols-sur-Cirons   **Toulenne**   **St-Macaire**

St-Pardon-
de-Conques

Guillos   Bommes   Fargues   St-Pierre-
de-Mons

Budos   Sauternes

Léogeats

Roaillan

Mazères   Coimères

Los 16 crus classés

● Cru classé tinto
● Cru classé blanco
● Cru classé tinto y blanco

0   2   4 km

● Château Haut-Brion
● Château La Mission-Haut-Brion
● Château La Tour-Haut-Brion
● Château Pape-Clément
● Château Couhins-Lurton
● Château Couhins
●● Château Carbonnieux
●● Château Bouscaut
● Château Haut-Bailly
● Château Smith Haut Lafitte
●● Château Malartic-Lagravière
●● Château Latour-Martillac

*La mayoría de los châteaux
de Pessac-Léognan producen
tanto vinos tintos como blancos,
pero algunos son más conocidos
por un color. Un château
puede ser un Grand Cru Classé
blanco, tinto o ambos.*

Graves
y Pessac-Léognan

Variedades

●
cabernet sauvignon,
cabernet franc, merlot

●
sauvignon blanc,
sémillon, muscadelle

Hectáreas

4800

Tipos de vino

25 %

75 %

Suelos

grava, roca
arenoso

Es la única región francesa que debe su nombre
a su suelo: *gravas* en gascón hace referencia a la
grava sobre la que crecen las vides.

Las gravas de la región,
que pueden tener el
tamaño de una pelota
de tenis, son las mejores
aliadas de los viticultores:
en invierno, captan el calor
del sol para devolvérselo a
las vides por la noche; en
verano, captan el frescor
de la noche para devolvérselo
a la vid durante el día.
Esta ayuda mutua protege
al viñedo de las heladas
primaverales y de las olas
de calor de agosto. A un paso
de Burdeos, la denominación

Pessac-Léognan concentra
excelentes terroirs para
la cabernet sauvignon,
que se expresa con más
flexibilidad que en el Médoc.

Es la única región
bordelesa que produce
grandes vinos tanto
tintos como blancos. Esta
diversidad se explica por el
clima oceánico, que se vuelve
más fresco a medida que las
viñas se acercan al bosque
de las Landas, al sudoeste
de la denominación.

Grosella, violeta, mora

Trufa, regaliz, cuero

Tinto joven
(0-7 años)

Tinto maduro
(8-15 años)

Manzana verde, limón,
miel de acacia

Avellana, pera, vainilla

Blanco joven
(0-3 años)

Blanco maduro
(3-10 años)

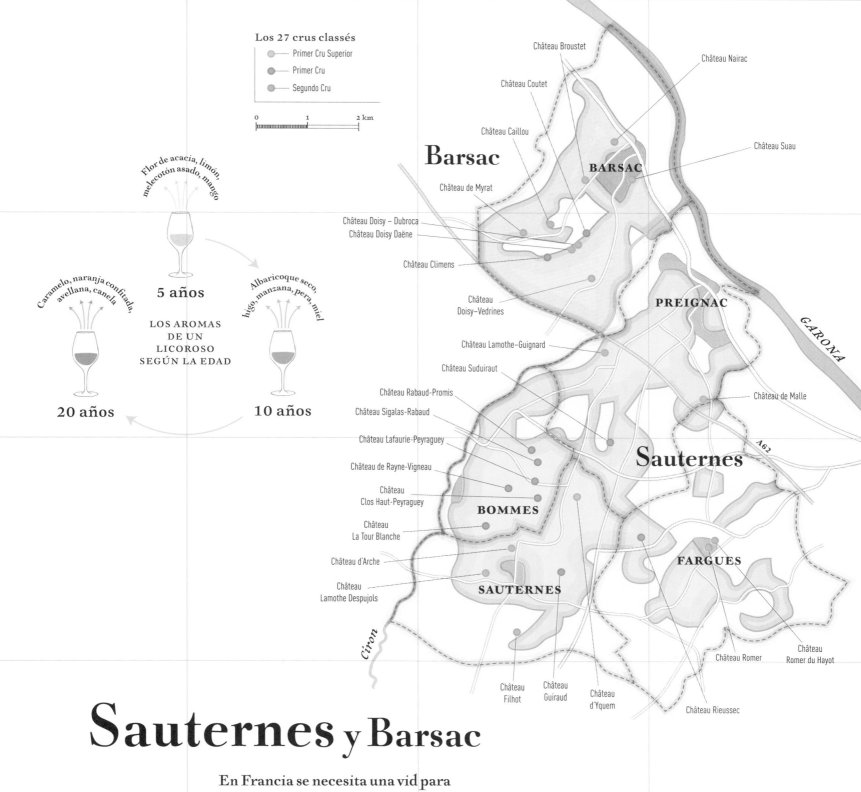

Los 27 crus classés

- Primer Cru Superior
- Primer Cru
- Segundo Cru

0 1 2 km

Flor de acacia, limón,
melecotón asado, mango

5 años

Caramelo, naranja confitada,
avellana, canela

Albaricoque seco,
higo, manzana, pera, miel

LOS AROMAS
DE UN
LICOROSO
SEGÚN LA EDAD

20 años

10 años

Barsac

Château Broustet

Château Nairac

Château Coutet

Château Caillou

Château Suau

BARSAC

Château de Myrat

Château Doisy – Dubroca

Château Doisy Daëne

Château Climens

PREIGNAC

Château
Doisy–Vedrines

Château Lamothe–Guignard

GARONA

Château Suduiraut

Château de Malle

Château Rabaud-Promis

Château Sigalas-Rabaud

Sauternes

Château Lafaurie-Peyraguey

A62

Château de Rayne-Vigneau

Château
Clos Haut-Peyraguey

BOMMES

Château
La Tour Blanche

FARGUES

Château d'Arche

Château
Lamothe Despujols

Château Romer

Château
Romer du Hayot

SAUTERNES

Château
Filhot

Château
Guiraud

Château
d'Yquem

Château Rieussec

Ciron

Sauternes y Barsac

En Francia se necesita una vid para hacer una botella de vino. Aquí hacen falta diez para hacer un sauternes.

Variedades

sémillon, sauvignon, muscadelle

Hectáreas

1857

Tipo de vino

100%

Suelos

grava, guijarros sobre caliza

Un oxímoron es una figura retórica que pretende unir dos términos cuyos significados *a priori* distan mucho. «Podredumbre noble» es, sin duda, el oxímoron más bello del mundo del vino. En otoño, cuando las aguas de los ríos Garona y Ciron se encuentran, se forma un fenómeno único de condensación y la niebla matinal cubre las viñas. Se favorece el desarrollo de un hongo: la *Botrytis cinerea*, que seca las uvas, que se arrugan y se confitan bajo el sol. Este fenómeno confiere a los vinos licorosos de la región un carácter único. La vendimia se realiza generalmente en octubre para que cada baya de uva tenga un contenido elevado de azúcar y bajo de agua. Pueden pasar hasta treinta días desde el principio hasta el final de la vendimia, siendo necesarias varias pasadas para recoger los racimos adecuados. El resultado es un rendimiento muy bajo, lo que explica el elevado precio de las botellas.

«Podredumbre noble» es, sin duda, el oxímoron más bello del mundo del vino

Médoc

Una franja de tierra a lo largo del río Garona, viñas hastadonde alcanza la vista que prosperan en un clima atípico; así es el Médoc, una de las joyas de la corona de la industria vitivinícola francesa.

El Médoc es una visita obligada para todos los amantes del vino tinto. Saint-Estèphe, Pauillac, Margaux…, tantos nombres que despiertan inmediatamente el interés del comensal. Comparten un pequeño territorio de 25 kilómetros de largo y menos de 10 kilómetros de ancho.

Surcado por el paralelo 45, se considera que el Médoc reúne las condiciones perfectas para la elaboración del vino. Es cálido, húmedo y el viento hace circular el aire. Estas condiciones suelen proteger a las vides de las heladas tardías y del moho. Además, las dos grandes masas de agua situadas a ambos lados de la península del Médoc desempeñan una importante función en la regulación de la temperatura.

Desde hace miles de años, el río Garona ha transportado toneladas de grava. Esas «gravas» proceden de los Pirineos por la fuerza del tiempo y de la corriente. Captan el calor del día y lo liberan a las vides cuando cae la noche. Este fenómeno, que permite que la cabernet sauvignon madure durante mucho tiempo, explica la presencia de los mejores vinos del Médoc en la parte oriental de la región, cerca del río, lo que justifica el dicho del Médoc: «las mejores viñas miran al estuario».

> Viajar al Médoc es como atravesar un mar de vides

A primera vista, viajar al Médoc es como atravesar un mar de vides. Sin embargo, el paisaje de la península de la Gironda es más complejo y está formado por pinares, marismas y, por supuesto, viñedos, que se concentran en una franja de tierra a lo largo del estuario.

La región está dividida en ocho denominaciones. La AOC Médoc se aplica a toda la península, pero solo se utiliza en el norte, donde la influencia del océano es mayor. El Haut-Médoc debe su nombre a un modesto desnivel: su cima está a 43 metros sobre el nivel del mar.

Para la Exposición Universal de París de 1855, con Napoleón III, se creó una clasificación de los mejores châteaux con cinco niveles: del «Premier Cru» (Primer Cru) al «Cinquième Cru» (Quinto Cru). Sesenta châteaux siguen disfrutando de esta distinción.

Listrac-Médoc

St-Laurent-Médoc

Castelnau-de-Médoc

Listrac-Médoc

Château Belgrave

Château La Tour-Carnet

Château B

Moulis-en-Médoc

Château Camensac

Château Haut-Batailley

Moulis-en-Médoc

Château Lagrange

Avensan

Château Langoa-Barton

Château Talbot

Château Gruaud Larose

Château Léoville-Poyfer

Château St-Pierre

SAINT-MÉDARD-EN-JALLES

Cussac-Fort-Médoc

Château Branaire-Ducru

St-Juli Beych

ST-AUBIN-DE-MÉDOC

Château Beychevelle

Château Léoville-Las-cases

Margaux

Château Ducru-Beaucaillou

Château Durfort-Vivens

Château Marquis-de-Terme

Château Léoville Barton

Château Lascombes

Arsac

Château Rauzan-Gassies

Saint-Julien

Château Rauzan-Segla

Château Malescot-Saint-Exupéry

Château Cantenac-Brown

Château du Tertre

Château Ferrière

Château Brane-Cantenac

Château Marquis-d'Alesme

Isla de Bo

Le Pian-Médoc

Château Kirwan

Château Margaux

Isla de Nouvelle

Château Pouget

Margaux-Cantenac

Isla de Verte

Cantenac

Château Palmer

BLAYE

Château Giscours

Château d'Issan

Château Boyd Cantenac

Château Prieuré Lichine

Château Cantemerle

Château Desmirail

Isla de du Nord

BLANQUEFORT

Château Dauzac

Château La Lagune

Macau

Isla de Cazeau

Ludon-Médoc

Parempuyre

Haut-Médoc

Los 60 crus classés

- Primer Cru
- Segundo Cru
- Tercer Cru
- Cuarto Cru
- Quinto Cru

0   2   4 km

Grayan-et-l'Hôpital

Vendays-Montalivet

Vensac

St-Vivien-de-Médoc

Queyrac

Jau-Dignac-et-Loirac

Gaillan-en-Médoc

LESPARRE-MÉDOC

Prignac-en-Médoc

Haut-Médoc

Civrac-en-Médoc

Bégadan

Valeyrac

Blaignan

Médoc

St-Germain-d'Esteuil

Conquèques

St-Sauveur

Cissac-Médoc

Vertheuil

Ordonnac

St-Yzans-de-Médoc

Château Grand-Puy-Ducasse

Pauillac

Château Lynch-Moussas

Château Pontet-Canet

Château Lafon-Rochet

St-Seurin-de-Cadourne

u Batailley

Château d'Armailhac

Château Cos-Labory

Château Grand-Puy-Lacoste

Château Calon-Ségur

Château Mentrose

St-Estèphe

Château Pichon Longueville Baron

Château Croizet-Bages

Pauillac

Saint-Estèphe

Château Clerc-Milon

ferré

Château Cos d'Estournel

ulien-de-ychevelle

Château Pédesclaux

Château Duhart-Milon

Château Lafite Rothschild

Château Haut-Bages-Libéral

Château Mouton Rothschild

Château Latour

Château Lynch-Bages

Château Pichon Longueville Comtesse De Lalande

Isla de de Patiras

Bouchaud

G I R O N D A

Variedades
- cabernet sauvignon, merlot, cabernet franc, petit verdot

Hectáreas

16 500

Tipo de vino

100 %

Suelos
grava, roca arenoso

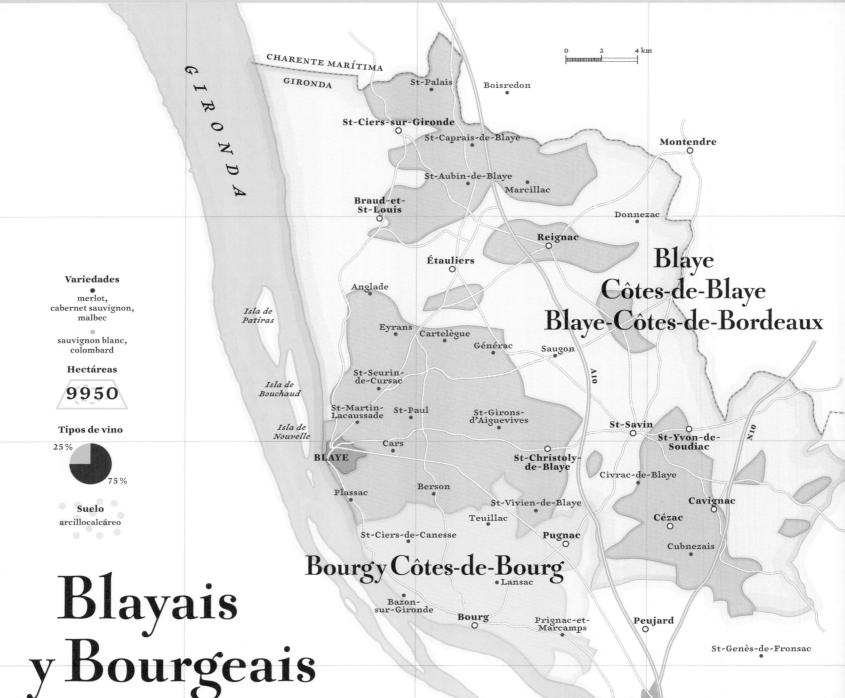

0   2   4 km

St-Palais
Boisredon

St-Ciers-sur-Gironde
St-Caprais-de-Blaye
Montendre

St-Aubin-de-Blaye
Marcillac

Braud-et-
St-Louis
Donnezac

Reignac

Étauliers

Blaye
Côtes-de-Blaye
Blaye-Côtes-de-Bordeaux

Anglade

Isla de
Patíras

Eyrans
Cartelègue
Générac
Saugon

St-Seurin-
de-Cursac

Isla de
Bouchaud

St-Martin-
Lacaussade
St-Paul
St-Girons-
d'Aiguevives
St-Savin

Isla de
Nouvelle
Cars
St-Yvon-de-
Soudiac

BLAYE
St-Christoly-
de-Blaye
Civrac-de-Blaye

Plassac
Berson
St-Vivien-de-Blaye
Cavignac

Teuillac
Cézac

St-Ciers-de-Canesse
Pugnac
Cubnezais

Bourg y Côtes-de-Bourg

Lansac

Bazon-
sur-Gironde
Peujard

Bourg
Prignac-et-
Marcamps

St-Genès-de-Fronsac

ST-ANDRÉ-DE-CUBZAC

GIRONDA

Variedades
● merlot,
cabernet sauvignon,
malbec

● sauvignon blanc,
colombard

Hectáreas
9950

Tipos de vino
25 %
75 %

Suelo
arcillocalcáreo

Blayais
y Bourgeais

En el norte de la Gironda, a escasos pasos de la Charente-
Maritime y frente al Médoc, se encuentran dos tierras
vitivinícolas infravaloradas.

Según los escritos del geógrafo
Jacques Baurein (1713-1790),
Bourg era uno de los mejores
terroirs de Burdeos en el siglo XVII.
¿Qué ha ocurrido desde entonces?
Para diversificar sus fuentes de
ingresos, los viticultores solían
cultivar en
«joualles»,
que consistía
en intercalar
una hilera de
cereales entre
cada hilera
de vides para
aumentar la productividad; positivo
para la diversidad, pero negativo
para la vid, demasiado irrigada.

> **Los viticultores han
> demostrado un gran
> dinamismo para salir
> de la sombra de su
> vecino del Médoc**

Tras una revolución cualitativa
a finales del siglo XX, los sindicatos
de viticultores de la región han
demostrado un gran dinamismo
para promocionar su trabajo y salir
de la sombra del vecino Médoc:
Printemps des Vins, Blaye au
Comptoir o Marathon de Blaye
son algunos ejemplos de acciones
apoyadas por los sindicatos locales.

El Blayais goza de un microclima
que favorece el cultivo de la vid. La
enorme masa de agua del estuario
de la Gironda, situado muy cerca,
suaviza las orillas. El Bourgeais,
en laderas de exposición variada,
es una sucesión de microclimas.

Entre-Deux-Mers

Variedades

sauvigon, sémillon,
muscadelle

Hectáreas

30 000

VIÑEDO
DE L'ENTRE-
DEUX-MERS

1500

AOC ENTRE-
DEUX-MERS

Tipos de vino

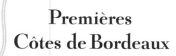

30 %

70 %

100 %

Suelo

arcillocalcáreo

También llamado Périgord Girondino, Entre-Deux-Mers es una zona variada y poco conocida que enseña otra cara de los viñedos bordeleses.

E l nombre, cuando menos original, de esta zona encajonada entre el Garona, al sur, y la Dordoña, al norte, procede del gascón «mar», que se utilizaba para nombrar tanto a los mares como a los ríos. Huelga decir que aquí, cerca del estuario, los dos ríos son muy anchos y también reciben la influencia de las mareas.

Este triángulo accidentado se divide entre viñedos, prados y bosques. Es mucho más agreste que las demás AOC bordelesas.

Este triángulo accidentado se divide entre viñedos, prados y bosques

Este relieve es fruto de los afluentes del Garona y del Dordoña, que han esculpido la meseta en crestas y valles a lo largo de los siglos. Las colinas suelen reservarse para las vides, mientras que los valles, más húmedos, suelen ser zonas boscosas.

La denominación Entre-Deux-Mers no solo produce vinos blancos secos y vivos que esconden, bajo su color amarillo pajizo con reflejos verdes, notas de acacia, cítricos y frutas exóticas; también produce una gama de vinos blancos dulces y licorosos, sobre todo en Cadillac, Loupiac y Sainte-Croix-du-Mont, en la orilla derecha del Garona, frente a los prestigiosos terroirs de Cérons, Barsac y Sauternes.

Premières
Côtes de Bordeaux

Graves-de-Vayres

Izon

LIBOURNE

Montussan

Arveyres

LORMONT

Beychac-
et-Caillau

Génissac

Castillon-
la-Bataille

DORDOÑA

Ste-Foy-
la-Grande

St-Avit-
St-Nazaire

BURDEOS

Pompignac

Sallebœuf

Mouliets-et-
Villemartin

Gensac

Eynesse

St-André-
et-Appelles

FLOIRAC

Fargues-
St-Hilaire

St-Quentin-
de-Baron

Ste-Radegonde

Bouliac

Cursan

Entre-Deux-Mers

Sainte-Foy-Bordeaux

Latresne

Faleyras

Rauzan

Margueron

Cénac

Sadirac

Créon

Quinsac

La Sauve

Blasimon

Pellegrue

St-Caprais-
de-Bordeaux

Targon

Frontenac

Langoiran

Baigneux

Portets

Soulignac

Haut-Benauge

Sauveterre-
de-Guyenne

St-Ferme

Cadillac
Côtes de Bordeaux

Escoussans

Gornac

Côtes de Bordeaux

Cadillac

St-Laurent-
du-Bois

Monségur

St-Germain-
de-Grave

St-Vivien-de-
Monségur

Ste-Croix-
du-Mont

Loupiac

St-Maixant

St-Martin-
de-Sescas

La Réole

GIRONDA

LOT Y GARONA

Sainte-Croix-du-Mont

St-Macaire

Sauveterre-
de-Guyenne

GARONA

Côtes de Bordeaux-
Saint-Macaire

0   3   6 km

Mientras que la denominación Entre-Deux-Mers está reservada a los blancos, la zona geográfica del mismo nombre produce sobre todo vinos tintos, principalmente bajo la denominación regional Bordeaux Supérieur.

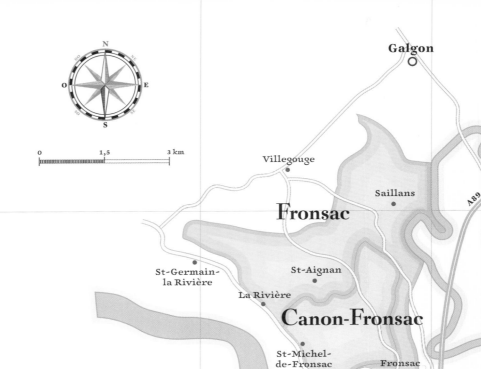

Pomerol

Estos prestigiosos suelos arcillosos se los reparten ciento cuarenta propiedades. Es la denominación más prestigiosa de la orilla derecha, conocida en particular por albergar uno de los vinos más caros del mundo: Petrus. Sin embargo, en 1855 se rechazó esta denominación en el momento de la clasificación. Los vinos son sensuales, potentes y pueden beberse jóvenes o pasados varios años.

800 ha

100 %

Fronsac y Canon-Fronsac

El viñedo más accidentado de Burdeos se extiende por laderas de piedra caliza que dominan los valles de la Dordoña y de Isle; el relieve le da unos aires de Toscana bordelesa. Es un buen alumno de la orilla derecha, con un 30 % de sus tierras certificadas ecológicas o en vías de serlo.

1090 ha

100 %

Francs Côtes de Bordeaux

La denominación más pequeña de Burdeos es la única que produce tintos, blancos y blancos licorosos. Los tintos tienen mucho cuerpo y recuerdan más a los vinos del Sudoeste.

425 ha

5 % 1 %

94 %

Les satellites de Saint-Émilion

Montagne, Saint-Georges, Lussac y Puisseguin se encuentran al norte de la famosa villa medieval, al otro lado de un pequeño río: el Barbanne. Estas denominaciones gozan de terroirs similares a los de Saint-Émilion y ofrecen una excelente relación calidad-precio.

4000 ha

100 %

Castillon Côtes de Bordeaux

Si cerca de la Dordoña eran de grava, los suelos arcillosos al pie de las laderas se convierten en arcillocalcáreos, y luego, en calcáreos en las mesetas. El clima es más continental, por lo que los inviernos son más duros.

2500 ha

100 %

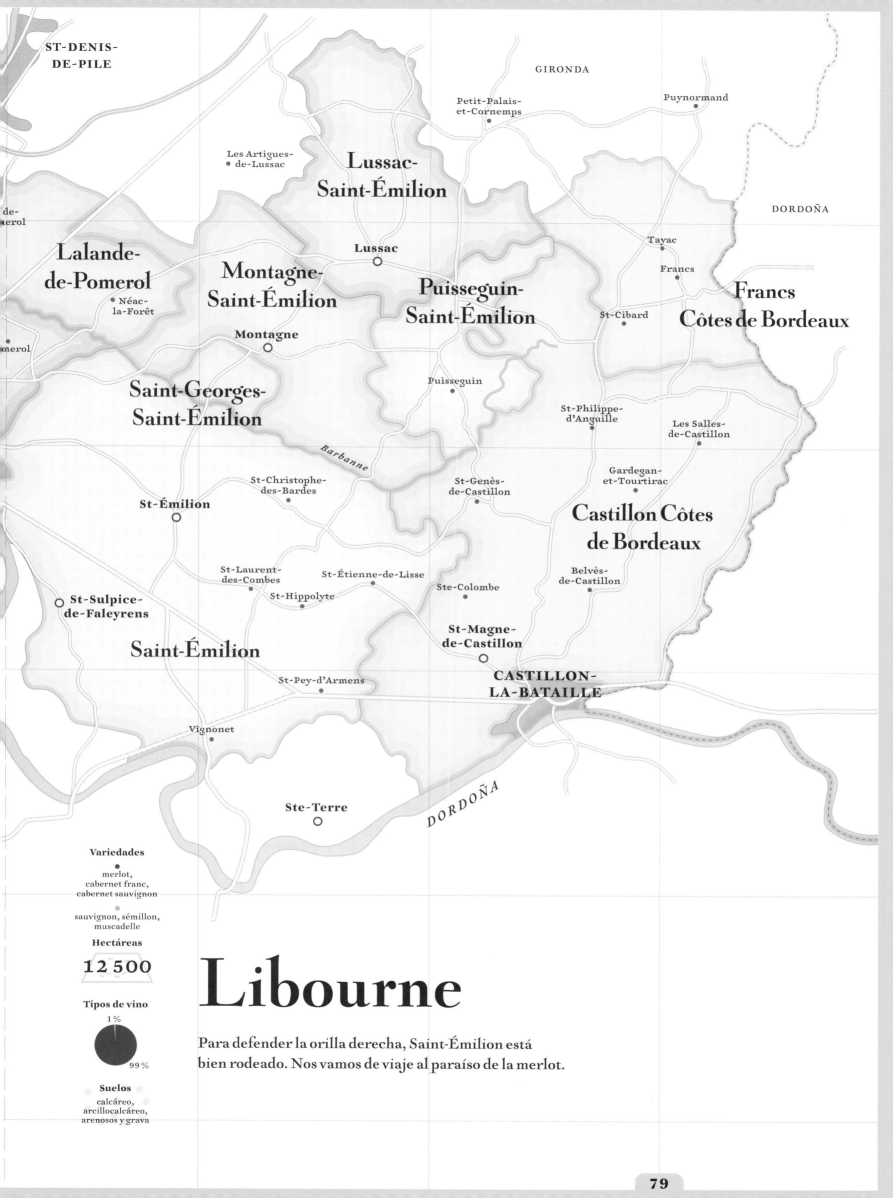

ST-DENIS-
DE-PILE

GIRONDA

Petit-Palais-
et-Cornemps

Puynormand

Les Artigues-
de-Lussac

Lussac-
Saint-Émilion

DORDOÑA

Lalande-
de-Pomerol

Montagne-
Saint-Émilion

Lussac

Puisseguin-
Saint-Émilion

Tayac

Francs

Néac-
la-Forêt

Montagne

St-Cibard

Francs
Côtes de Bordeaux

Puisseguin

Saint-Georges-
Saint-Émilion

St-Philippe-
d'Anguille

Les Salles-
de-Castillon

Barbanne

St-Christophe-
des-Bardes

St-Genès-
de-Castillon

Gardegan-
et-Tourtirac

St-Émilion

Castillon Côtes
de Bordeaux

St-Laurent-
des-Combes

St-Étienne-de-Lisse

Belvès-
de-Castillon

St-Sulpice-
de-Faleyrens

St-Hippolyte

Ste-Colombe

Saint-Émilion

St-Magne-
de-Castillon

St-Pey-d'Armens

CASTILLON-
LA-BATAILLE

Vignonet

Ste-Terre

DORDOÑA

Variedades

merlot,
cabernet franc,
cabernet sauvignon

sauvignon, sémillon,
muscadelle

Hectáreas

12 500

Tipos de vino

1 %

99 %

Suelos

calcáreo,
arcillocalcáreo,
arenosos y grava

Libourne

Para defender la orilla derecha, Saint-Émilion está
bien rodeado. Nos vamos de viaje al paraíso de la merlot.

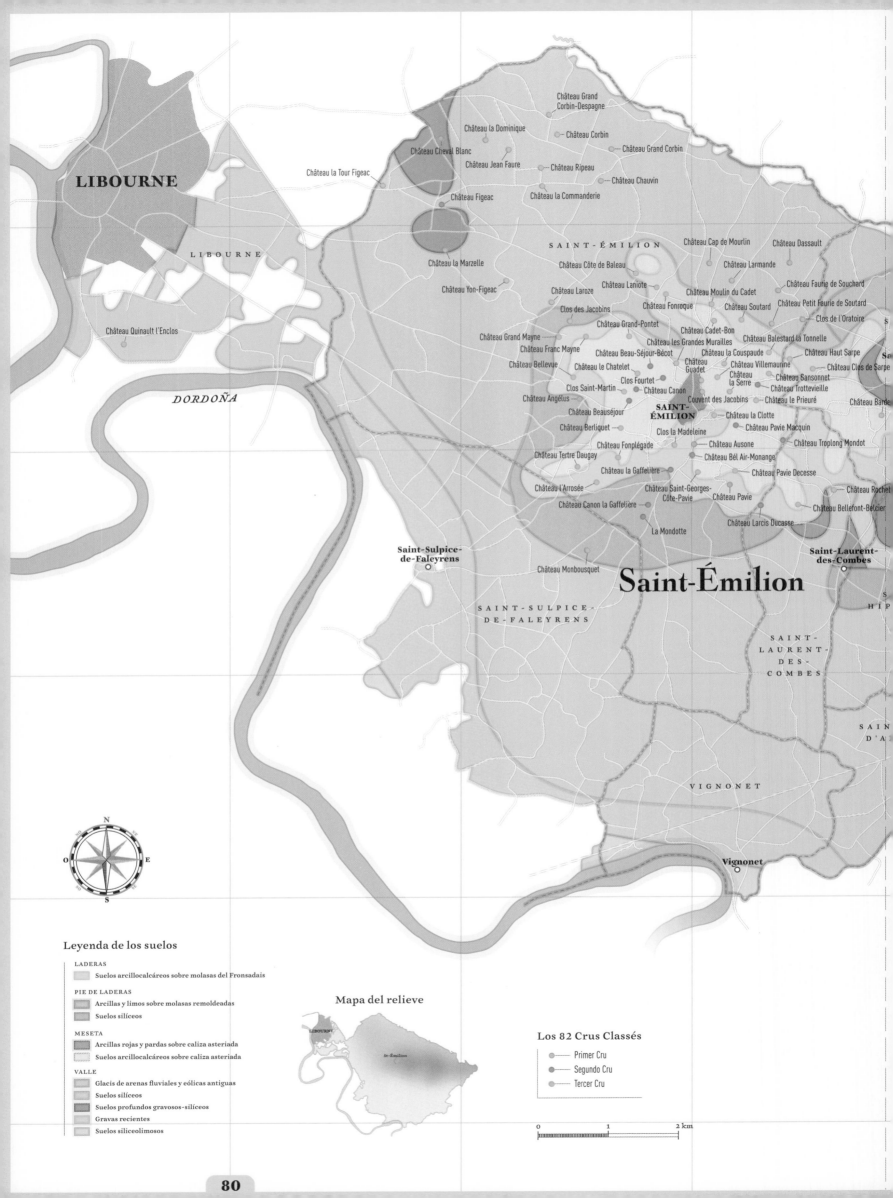

LIBOURNE

LIBOURNE

Château Grand
Corbin-Despagne

Château la Dominique

Château Corbin

Château Cheval Blanc

Château Grand Corbin

Château la Tour Figeac

Château Jean Faure

Château Ripeau

Château Chauvin

Château Figeac

Château la Commanderie

S A I N T - É M I L I O N

Château Cap de Mourlin

Château Dassault

Château la Marzelle

Château Côte de Baleau

Château Larmande

Château Yon-Figeac

Château Laroze

Château Laniote

Château Faurie de Souchard

Château Moulin du Cadet

Château Petit Faurie de Soutard

Clos des Jacobins

Château Fonroque

Château Soutard

Château Quinault l'Enclos

Château Grand-Pontet

Château Cadet-Bon

Clos de l'Oratoire

Château Grand Mayne

Château les Grandes Murailles

Château Balestard la Tonnelle

Château Franc Mayne

Château Beau-Séjour-Bécot

Château la Couspaude

Château Haut Sarpe

Château Bellevue

Château le Chatelet

Château
Guadet

Château Villemaurine

Château Clos de Sarpe

DORDOÑA

Clos Fourtet

Château
la Serre

Château Sansonnet

Sa

Clos Saint-Martin

Château Canon

Château Trottevieille

Château Angélus

Couvent des Jacobins

Château le Prieuré

Château Barde

Château Beauséjour

SAINT-
ÉMILION

Château la Clotte

Château Berliquet

Clos la Madeleine

Château Pavie Macquin

Château Fonplégade

Château Ausone

Château Troplong Mondot

Château Tertre Daugay

Château Bél Air-Monange

Château l'Arrosée

Château la Gaffelière

Château Pavie Decesse

Château Saint-Georges-
Côte-Pavie

Château Pavie

Château Rochet

Château Canon la Gaffelière

Château Bellefont-Belcier

Château Larcis Ducasse

La Mondotte

Saint-Sulpice-
de-Faleyrens

Château Monbousquet

Saint-Laurent-
des-Combes

Saint-Émilion

SAINT-SULPICE-
DE-
FALEYRENS

SAINT-
LAURENT-
DES-
COMBES

HÍP

SAIN
D'A

VIGNONET

Vignonet

Leyenda de los suelos

LADERAS
Suelos arcillocalcáreos sobre molasas del Fronsadais

PIE DE LADERAS
Arcillas y limos sobre molasas remoldeadas
Suelos silíceos

MESETA
Arcillas rojas y pardas sobre caliza asteriada
Suelos arcillocalcáreos sobre caliza asteriada

VALLE
Glacis de arenas fluviales y eólicas antiguas
Suelos silíceos
Suelos profundos gravosos-silíceos
Gravas recientes
Suelos siliceolimosos

Mapa del relieve

LIBOURNE

St-Émilion

Los 82 Crus Classés

Primer Cru
Segundo Cru
Tercer Cru

0   1   2 km

SAINT-CHRISTOPHE-
DES-BARDES

Saint-Christophe-
des-Bardes

Château Fombrauge

rpe

rde-Haut

Château Laroque

Château Fleur Cardinale

Château de Ferrand

Château Destieux

Château Valandraud

chebelle

Château de Pressac

Saint-Hippolyte

Saint-Étienne-
de-Lisse

Château Peby Faugères

SAINT-ÉTIENNE-
DE-LISSE

Château Faugères

SAINT-
PPOLYTE

Saint-Pey-
d'Armens

NT-PEY-
ARMENS

La Fleur Morange Mathilde

Variedades

merlot,
cabernet franc,
cabernet sauvignon

Hectáreas

5400

Tipo de vino

100%

Suelos

calcáreo,
arcillocalcáreo,
arenosos y grava

*Aquí nació en febrero de 1884
el primer sindicato vitícola
de Francia, cuyo objetivo
era unirse para defender la
identidad de los vinos y luchar
colectivamente contra la filoxera.*

Saint-Émilion

Villa medieval impregnada de la historia de los vinos de Burdeos. Desde lo alto de su colina, el viñedo se extiende hasta donde alcanza la vista y solo rinde pleitesía a una reina: la merlot.

A diferencia de la orilla izquierda, que es muy llana, la denominación Saint-Émilion, apodada la «colina de los mil castillos», ocupa una meseta surcada por valles. Las fincas son más pequeñas que las del Médoc y la merlot ocupa la mayor parte del viñedo. En la región se distingue entre vinos de ladera y vinos de llanura. Los primeros suelen tener mucho cuerpo y ser robustos, mientras que los segundos están más marcados por su delicadeza y flexibilidad.

La merlot es una variedad de maduración temprana que no responde bien al calentamiento del planeta. Si hace calor durante el mes de agosto, esto se reflejará en los vinos con aromas confitados. Si se mantiene el equilibrio, los vinos de Saint-Émilion se distinguen por su redondez, opulencia y la delicadeza de los taninos gracias al dúo merlot - cabernet franc. Los vinos de la región necesitan de cinco a diez años de guarda para expresar su potencial.

Desde 1955, la denominación cuenta con una clasificación única, revisada cada diez años por un comité de cata del INAO*; la denominación Saint-Émilion es la única que cuestiona su clasificación de Grand Cru con tanta regularidad. Al igual que el Balón de Oro o los Óscars, formar parte de esta clasificación garantiza diez años de éxito para el negocio. En el deporte y el cine, los agentes son los que hacen y deshacen; en Saint-Émilion, son los enólogos consultores: expertos que acompañan a varias fincas a lo largo del año, desde la vendimia hasta el coupage final.

Saint-Émilion solo rinde pleitesía a una reina: la merlot

Los borgoñones tienen Beaune; los alsacianos, Colmar, y los bordeleses, Saint-Émilion. Pasear por las calles empedradas de este pueblo declarado Patrimonio de la Humanidad por la Unesco es como retroceder en el tiempo para disfrutar mejor de los vinos de Burdeos.

*INAO: El Instituto Nacional de Origen y Calidad es una institución pública francesa dependiente del Ministerio de Agricultura.

¿A qué se debe el
Bordeaux Bashing?

Durante mucho tiempo, los vinos de Burdeos han sido los más destacados, pero en los últimos quince años se han convertido en los rivales por batir. ¿De quién es la culpa? ¿La culpa de qué? He aquí las razones de estas fuertes críticas o «Bordeaux Bashing» en cinco puntos.

#1 El precio

Los Grands Crus de Burdeos se han convertido en cuarenta años en sinónimo de especulación. Los precios pueden variar de un año a otro en función de la añada y de la demanda. Es la única región francesa tan afectada por este fenómeno; aunque representa solo una pequeña parte de las fincas, es toda la región la que se ve marcada por la explosión de los precios. Sin embargo, los Grands Crus solo representan el 3 % de los viñedos de Gironda. ¡Hay que pensar en descubrir el 97 % restante!

#2 Estandarización

En la década de 1990, las puntuaciones otorgadas por el famoso crítico de vinos Robert Parker hacían que la reputación de un vino se disparara. Se achaca a algunos viticultores de Burdeos haber adaptado su elaboración para atraer el paladar de Robert Parker. Y resulta que le gustaban los vinos tintos muy (¿demasiado?) amaderados. Esta fiebre por la madera acabó por uniformizar una parte del viñedo. Sobre todo desde que, a principios de la década de los 2000, el público empezó a despegarse de las notas y a buscar más frescura y «bebibilidad» en los vinos. Robert Parker se jubiló en 2019 y la moda de los vinos tánicos hace tiempo que se fue de vacaciones.

#3 Nuevo Mundo

Durante décadas, Burdeos ha estado vendiendo vino a los cuatro confines del mundo: Estados Unidos, China, Australia, Brasil... Salvo que, recientemente, los amantes del vino se han dado cuenta de que hay algo más que Saint-Émilion y han descubierto el Languedoc, los vinos de la Rioja, Sudáfrica, así como grandes viñedos en sus respectivos países. En un momento en el que estos nuevos consumidores quieren beber localmente, los grandes comerciantes de vino luchan por mantener los mismos volúmenes de exportación.

#4 ¿Quién guarda vinos durante diez años?

La gran mayoría de los vinos de Burdeos son vinos de guarda, es decir, necesitan varios años de envejecimiento antes de consumirse. ¿Y cuál es el problema? Las nuevas generaciones de aficionados no tienen ni el tiempo ni el espacio para envejecer sus botellas durante cinco o diez años. Entre los jóvenes de veinticinco a treinta y cinco años, la mayoría de las botellas se abren el mismo día o al día siguiente de su compra.

#5 Calentamiento del planeta

Desde la ola de calor de 2003, Burdeos ha experimentado muchos veranos especialmente calurosos y áridos. Estos fenómenos provocan cosechas tempranas y aumentan el grado alcohólico de los vinos. La variedad merlot, que cubre el 50 % del viñedo bordelés, necesita noches relativamente frescas antes de la vendimia. Para adaptarse, la región debe probar variedades más tardías y mejor adaptadas al calentamiento del planeta, como la syrah, la mourvèdre y algunas variedades portuguesas. Queda por ver si las autoridades están dispuestas a modificar el pliego de condiciones de la AOC…

Tres tópicos para olvidar

A los burdeos les falta diversidad

#1 Sesenta AOC, seis variedades de uva, tres tipos de suelo y seis mil fincas en un solo departamento con una producción de tintos, blancos secos, rosados, espumosos y blancos licorosos.

Los burdeos son muy caros

#2 No le vamos a mentir: Burdeos está por encima de la media francesa en cuanto a precio. Pero existen muchas joyas entre diez y quince euros. Para encontrarlas, hay que salirse de los caminos trillados y explorar las AOC menos conocidas.

Los burdeos no son ecológicos

#3 La región de Burdeos prosigue su revolución ecológica con un aumento del 30 % en la tasa de conversión. No es la primera en Francia, pero tampoco está en la cola del pelotón.

BEAUJOLAIS

gamay o nada

MÂCON

Juliénas

Saint-Amour

Leynes

St-Véran

Chénas

Julié

Moulin-à-Vent

Emeringes

Monsols

Fleurie

Vauxrenard

La Chapelle-de-Guinchay

Romanèche-Thorins

Thoissey

Régnié

Les Ardillats

Lancié

Dracé

Chiroubles

Chênelette

St-Didier-en-B.

Beaujeu

Corcelles-en-B.

Morgon

Brouilly

St-Jean-d'A.

Taponas

Cercié

BELLEVILLE-EN-BEAUJOLAIS

Marchampt

Beaujolais
Villages

Charentay

Côte-de-Brouilly

St-Étienne-la-V.

St-Étienne-des-O.

St-Georges-de-R.

Lamure-sur-Azergues

Vauxonne

SAONA

St-Julien

Arnas

Chambost-Allières

Rivolet

Denicé

VILLEFRANCHE-SUR-SAÔNE

St-Just-d'Avray

Lacenas

Cogny

Chamelet

Liergues

Limas

Beaujolais

Jarnioux

Létra

Ste-Paule

Pommiers

Ternand

Trévoux

Anse

St-Clément-sur-V.

St-Vérand

Le Bois-d'oingt

Frontenas

Alix

Marcy

St-Loup

Tarare

Charnay

Azergues

Chessy-les-Mines

Sarcey

St-Germain-sur-l'A.

Bully

Lozanne

Limonest

L'Arbresle

LYON

Beaujolais

Rodeado por Borgoña, el Ródano y el Loira, el Beaujolais se encuentra en la confluencia de grandes viñedos. Se distingue por exaltar una variedad de uva (casi) única: la gamay.

Variedades

·

gamay

·

chardonnay

Hectáreas

18 000

Tipos de vino

3 %

97 %

Suelos

granito, esquisto y volcánicos

Clima

continental templado

Los viñedos se extienden unos 40 kilómetros de norte a sur, trepando por las laderas al oeste del río. La gamay, expulsada de Borgoña, de donde es originaria, ha encontrado un nuevo hogar en los suelos graníticos del Beaujolais. No es muy de compartir: representa más del 95 % de las viñas de la región. Esta variedad con aromas intensos de frutas rojas da vinos con taninos especialmente finos.

Si hay un vino francés que merece ser redescubierto, ese es el beaujolais. Todo el mundo conoce el beaujolais nouveau, una fiesta nacida en los años cincuenta para celebrar los vinos primeur de la región (de los que se habla en la página 92), pero esta tradición ha causado mucho daño a la región. La sobreproducción y el uso intensivo de productos químicos han aguado la fiesta. El consumidor sigue confundiendo el beaujolais con el beaujolais nouveau. El precio de la tierra ha bajado, lo que ha permitido a muchos viticultores jóvenes instalarse con una idea en mente: respetar el suelo y restaurar la imagen de la gamay. Un mal necesario, ya que actualmente es uno de los viñedos más implicados en los vinos biodinámicos y naturales. Frente a la creencia popular, los diez crus de la región pueden producir vinos con cuerpo, complejos y muy apropiados para el envejecimiento.

La región es conocida por una técnica de vinificación: la maceración semicarbónica. Se introducen los racimos enteros en cubas y no se pisan. En el fondo de la cuba, los racimos se asientan y liberan el mosto, y puede comenzar la fermentación alcohólica y la liberación de dióxido de carbono. En la parte superior de la cuba, las uvas aún intactas se someten a una fermentación intrapelicular. Al cabo de unos diez días, se prensan todas las uvas y se completa la fermentación de forma tradicional. Esta técnica produce vinos más finos y afrutados.

> ## Si hay un vino francés que merece ser redescubierto, ese es el beaujolais

En 2011 se creó una nueva denominación: la AOC Coteaux Bourguignons distingue los vinos tintos y rosados elaborados con pinot noir o gamay y los vinos blancos elaborados con chardonnay tanto en Borgoña como en Beaujolais. Junto con Seyssel en Savoie-Bugey, es la única AOC francesa compartida por dos viñedos diferentes.

Beaujolais
De Saint-Amour a Chiroubles

Juliénas

El más septentrional de los crus del Beaujolais se encuentra a 15 kilómetros al sudoeste de Mâcon. Situado en la ladera sur del monte Bessay (478 m), este viñedo posee los suelos más variados del Beaujolais, con predominio de esquisto y granito. Este terroir ofrece una gamay con cuerpo, típica del Juliénas.

580 ha — 100%

Chénas

Las viñas del cru más pequeño de la región de Beaujolais se aferran a las laderas orientales del monte Rémont (510 m) y a sus pronunciadas pendientes. Los suelos graníticos, poco arcillosos, dan vinos generosos, con cuerpo y notas de peonía. Al este, en suelos más gravosos y arenosos, los vinos son más flexibles. Tenga cuidado de no parecer un turista: no pronuncie la «s» de Chénas.

240 ha — 100%

Saint-Amour

Seguramente es el nombre más bonito de una denominación francesa; sin embargo, no es una oda al romanticismo, sino la huella del paso del legionario romano Amor. En las laderas orientales del Mont Bessay y de la colina de Église, las vides crecen en suelos eminentemente arenosos, que dan vinos estructurados. Al pie de las laderas, los suelos arcillosilíceos producen vinos más ligeros.

300 ha — 100%

Moulin-à-Vent

El cru más antiguo del Beaujolais, cuyo nombre procede del molino construido en 1550 y que aún se mantiene en pie en la colina de Romanèche-Thorins. El manganeso (un mineral muy oscuro), presente en los suelos, es el origen del carácter particular de los vinos de Moulin-à-Vent. De los diez crus de Beaujolais, este es el que más se acerca a los vinos de Borgoña. Con el tiempo pueden detectarse notas de iris, violeta, fresa, frambuesa y cereza, así como trufa, en estos vinos complejos y elegantes.

650 ha — 100%

Fleurie

860 ha — 100%

La denominación no se extiende más allá de los límites del municipio del mismo nombre. El suelo es de arena, un sustrato granítico de tonos rosáceos. Se trata de uno de los crus más ligeros de la región de Beaujolais y lleva bien a gala su nombre: son vinos que evocan bellas notas florales así como un toque de melocotón o casis. Se distinguen por su carácter aterciopelado al cabo de unos años.

Chiroubles

350 ha — 100%

El más elevado de los crus de Beaujolais se encuentra a una altitud media de 400 metros, en un circo granítico alrededor del municipio del mismo nombre. Las viñas se encuentran principalmente en las empinadas laderas del este y el sudeste. Los suelos arenosos y graníticos dan vinos suculentos, delicados y elegantes, con aromas de peonía, lirio de los valles, iris y violeta. Chiroubles se considera muy típico del Beaujolais.

Chiroubles

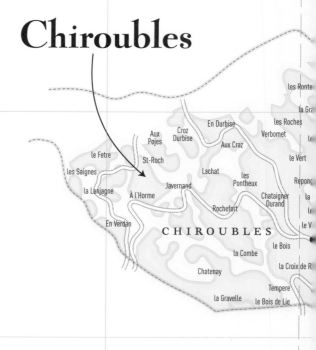

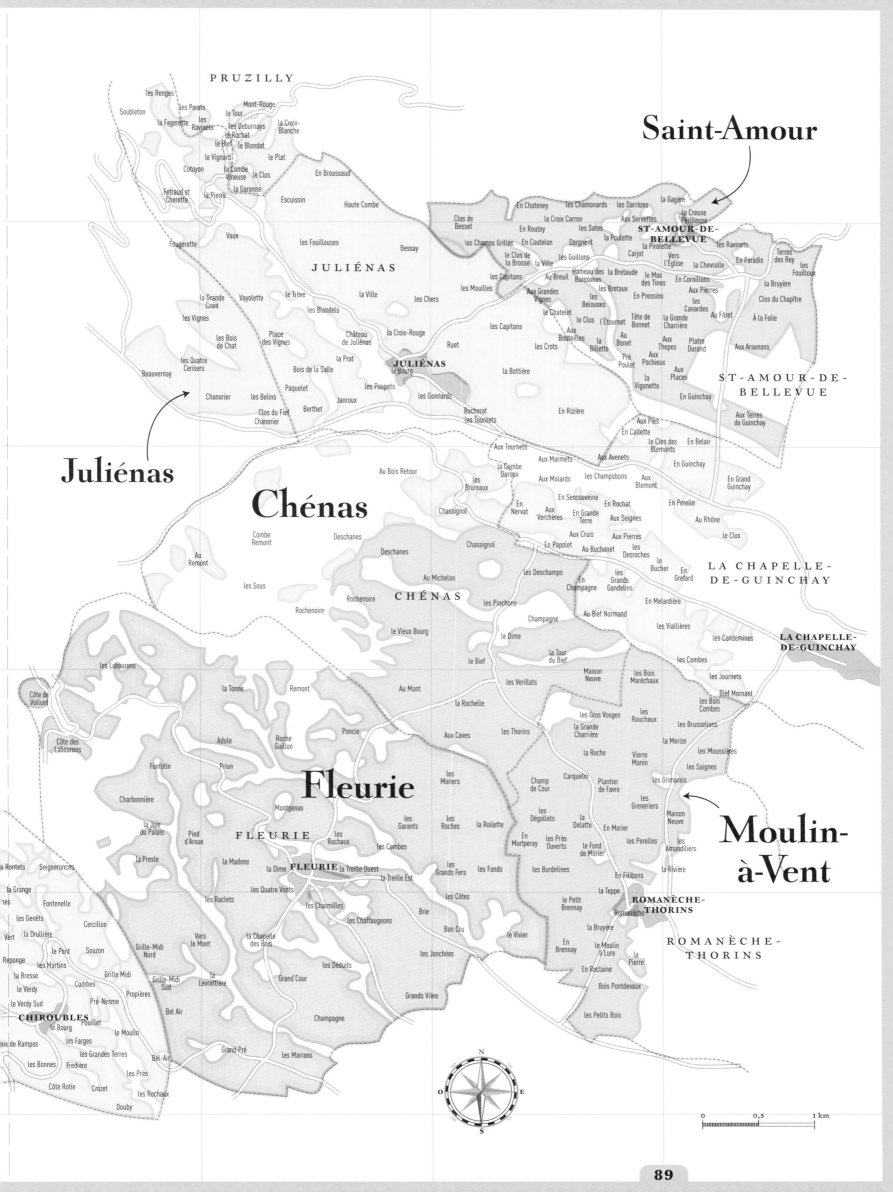

PRUZILLY

Saint-Amour

Juliénas

Chénas

Fleurie

Moulin-à-Vent

ST-AMOUR-DE-BELLEVUE

LA CHAPELLE-DE-GUINCHAY

ROMANÈCHE-THORINS

CHIROUBLES

N

O   E

S

0   0,5   1 km

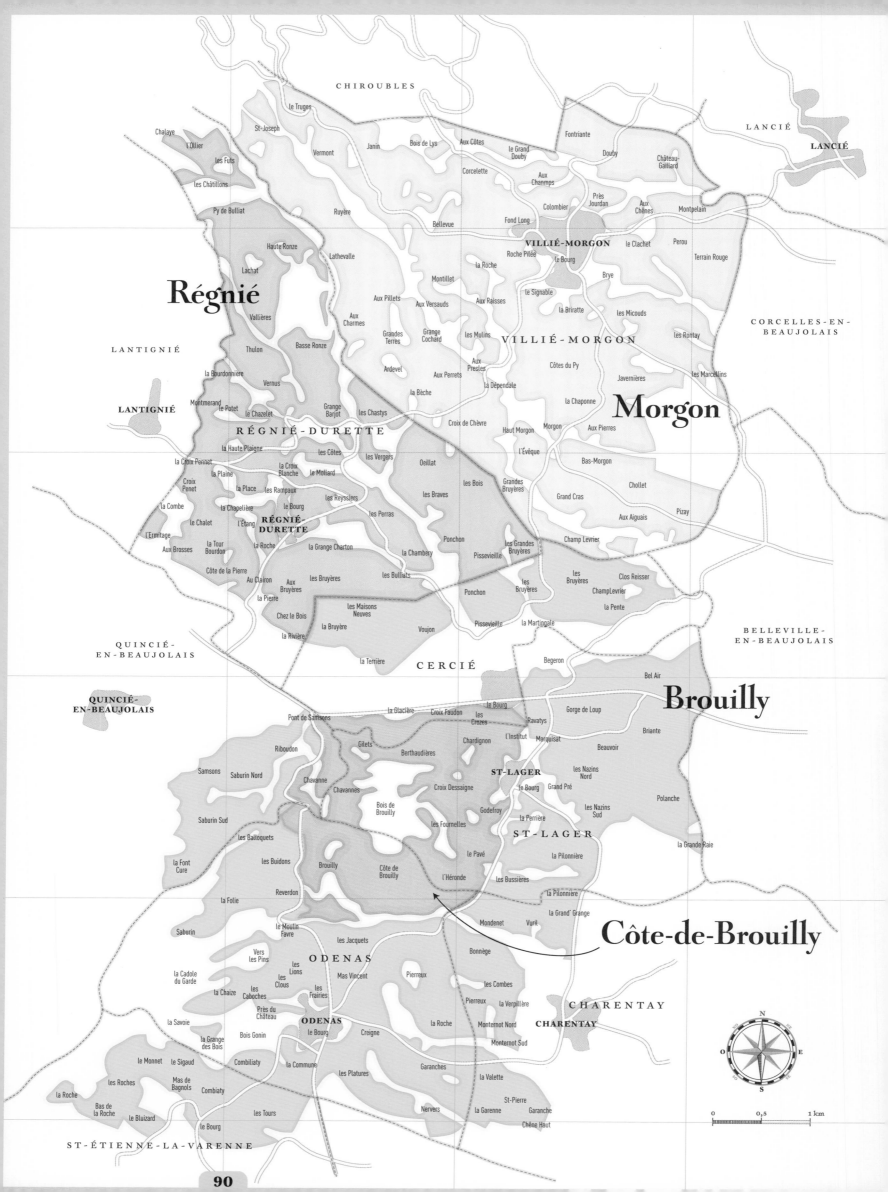

CHIROUBLES

LANCIÉ

LANCIÉ

Chalaye
l'Ollier
les Futs
les Châtillons
Py de Bulliat

Le Truges
St-Joseph
Vermont
Janin
Bois de Lys
Aux Côtes
le Grand Douby
Fontriante
Douby
Château-Gaillard

Corcelette
Aux Chanmps
Près Jourdan
Montpelain

Colombier
Aux Chênes

Bellevue
Fond Long

Ruyère
Lathevalle

VILLIÉ-MORGON
Roche Pilée
le Clachet
Perou
Terrain Rouge

Régnié

Haute Ronze
Lachat
Montillet
la Roche
le Bourg
Brye

Aux Pillets
Aux Versauds
Aux Raisses
le Signable
la Brirotte
les Micouds

LANTIGNIÉ
Vallières
Aux Charmes
Grandes Terres
Grange Cochard
les Mulins
CORCELLES-EN-BEAUJOLAIS

Thulon
Basse Ronze
VILLIÉ-MORGON
les Rontay

la Bourdonnière
Vernus
Ardevel
Aux Presles
Aux Perrets
Côtes du Py
Javernières
les Marcellins

LANTIGNIÉ
Montmerand
le Potet
le Chazelet
les Chastys
la Bèche
la Dépendale
la Chaponne

Morgon

la Haute Plaigne
Grange Barjot
Croix de Chèvre
Haut Morgon
Morgon
Aux Pierres

RÉGNIÉ-DURETTE
les Côtes
les Vergers
Oeillat
l'Évêque
Bas-Morgon

la Croix Pennet
la Croix Blanche
le Mollard
Chollet

Croix Penet
la Plaine
les Rampaux
les Reysslers
les Bois
Grandes Bruyères
Grand Cras
Pizay

la Combe
la Chapelière
le Bourg
les Perras
les Braves
Aux Aiguais

le Chalet
l'Étang
RÉGNIÉ-DURETTE
Ponchon
les Grandes Bruyères
Champ Levrier

l'Ermitage
la Tour Bourdon
la Roche
la Grange Charton
la Chambèry
Pisseveille
les Bruyères
ChampLevrier

Aux Brosses
Côte de la Pierre
Au Clairon
Aux Bruyères
les Bruyères
les Bulliats
Ponchon
les Bruyères
la Pente

QUINCIÉ-EN-BEAUJOLAIS
la Pierre
les Maisons Neuves
Voujon
Pisseveille
la Martingale
BELLEVILLE-EN-BEAUJOLAIS

Chez le Bois
la Bruyère
la Rivière
la Terrière
CERCIÉ
Begeron

QUINCIÉ-EN-BEAUJOLAIS
Bel Air
Brouilly

la Glacière
Croix Faudon
le Bourg
Gorge de Loup
Briante

Pont de Samsons
les Crozes
Ravatys
Marquisat
Beauvoir

Riboudon
Gilets
Berthaudières
Chardignon
l'Institut

Samsons
Saburin Nord
Chavanne
Croix Dessaigne
ST-LAGER
les Nazins Nord

Chavannes
le Bourg
Grand Pré
Polanche

Bois de Brouilly
Godefroy
les Nazins Sud

Saburin Sud
la Perrière
la Grande Raie

les Balloquets
les Fournelles
ST-LAGER

la Font Cure
les Buidons
Brouilly
Côte de Brouilly
le Pavé
la Pilonnière

Reverdon
l'Héronde
les Bussières
Côte-de-Brouilly

la Folie
la Pilonnière

Saburin
le Moulin Favre
les Jacquets
Mondenet
Vuril
la Grand' Grange

Vers les Pins
les Lions
Bonnège
CHARENTAY

la Cadole du Garde
la Chaize
les Clous
ODENAS
Mas Vincent
Pierreux
les Combes

les Caboches
les Frairies
Pierreux
la Verpillère
CHARENTAY

la Savoie
Près du Château
ODENAS
Creigne
la Roche
Monternot Nord

la Grange des Bois
Bois Gonin
le Bourg
Monternot Sud

le Monnet
le Sigaud
Combiliaty
la Commune
les Platures
Garanches
la Valette

les Roches
Mas de Bagnols
Combiaty
les Tours
Nervers
St-Pierre
Garanche

la Roche
Bas de la Roche
le Bluizard
le Bourg
la Garenne
Chêne Haut

ST-ÉTIENNE-LA-VARENNE

N
O   E
S

0   0,5   1 km

90

Beaujolais
De Morgon a Brouilly

Morgon

En el municipio de Villié-Morgon, la vid ha estado presente desde hace más de mil años. Aquí se elaboran los mejores beaujolais de guarda, sobre todo si proceden de suelos de esquisto. Las mejores añadas pueden esperar diez o quince años antes de ser catadas. Ricos, potentes y con cuerpo, se distinguen por sus aromas de frambuesa, cereza o melocotón.

1100 ha

100%

Régnié

En los dos municipios de Régnié-Durette y Lantignié, esta denominación de 400 hectáreas está situada a una altitud de entre 250 y 450 metros sobre un suelo predominantemente granítico. Produce vinos suaves con aromas de grosella, mora, capis y frambuesa. El Régnié fue el último de los diez crus de Beaujolais en ser reconocido en 1988.

400 ha

100%

Brouilly

El mayor cru del Beaujolais, con 1250 hectáreas, se extiende sobre seis municipios en el centro de la región vinícola. Es también el más meridional de los diez crus; se encuentra a 40 kilómetros al norte de Lyon. La denominación se extiende alrededor de la montaña de Brouilly (485 m), cuyas laderas están reservadas a la denominación Côte-de-Brouilly. Los suelos graníticos le aportan una madurez precoz que permite disfrutarlo desde la primavera siguiente a la vendimia. No cabe duda de que es uno de los crus más delicados del Beaujolais.

1250 ha

100%

Côte-de-Brouilly

En las laderas del Mont Brouilly, sus viñedos se extienden sobre suelos de granito y de una roca de origen volcánico llamada popularmente «piedra azul». Los vinos de las parcelas dominadas por el granito son más suaves, mientras que los de las parcelas dominadas por el volcán son más firmes y gozan de una hermosa mineralidad. Si visita la región, vale la pena hacer una excursión hasta la cima de la montaña para disfrutar de una hermosa vista de las colinas del Beaujolais.

320 ha

100%

Beaujolais Nouveau

El beaujolais nouveau es un vino joven que se denomina *vin primeur*. Son uvas cosechadas el mismo año que dan un vino que puede consumirse dos meses más tarde. El tercer jueves de noviembre es la fecha oficial del beaujolais nouveau. En 1951, los productores locales obtuvieron el derecho de vender su vino antes de la fecha legal del 15 de diciembre. La apuesta es sencilla: vender mucho y barato. ¡Y menudo éxito! ¿Quién no ha oído hablar de esta fiesta del vino? Se celebra a lo largo y ancho del planeta y ha hecho del beaujolais una de las regiones vitícolas más famosas del mundo. Si bien es un gran éxito en términos de comunicación y un éxito comercial a corto plazo (el beaujolais nouveau representa el 30 % de la producción regional), la moneda tiene, como suele decirse, dos caras. Los demás vinos de Beaujolais, limitados por esta imagen de vino joven y muy barato, arrastran una fama de vinos de mala calidad. Los de mayor calidad tienen dificultades para hacerse un hueco y venderse «al precio justo» porque, en la mente del consumidor, el beaujolais es bueno a finales de año, pero no durante el resto de la temporada. A finales de los noventa, principios de los 2000, el beaujolais estaba en crisis: las vides de la denominación Beaujolais Village habían perdido el 80 % de su valor y la región había perdido 7000 hectáreas de viñedo. Hoy, con la llegada de jóvenes viticultores innovadores, combinada con el trabajo de los veteranos para restaurar la imagen de los diez crus de la región, el beaujolais va viento en popa. Es una región que atrae a nuevos consumidores, pero a la denominación regional Beaujolais aún le queda camino por recorrer. No es raro ver a los productores promocionar Morgon, Fleurie o Régnié omitiendo la mención «Beaujolais»… Si bien el beaujolais nouveau es un magnífico momento de confraternización (incluso se pueden descubrir añadas estupendas), no hay que confundir beaujolais y beaujolais nouveau.

VARIEDADES DEL BEAUJOLAIS

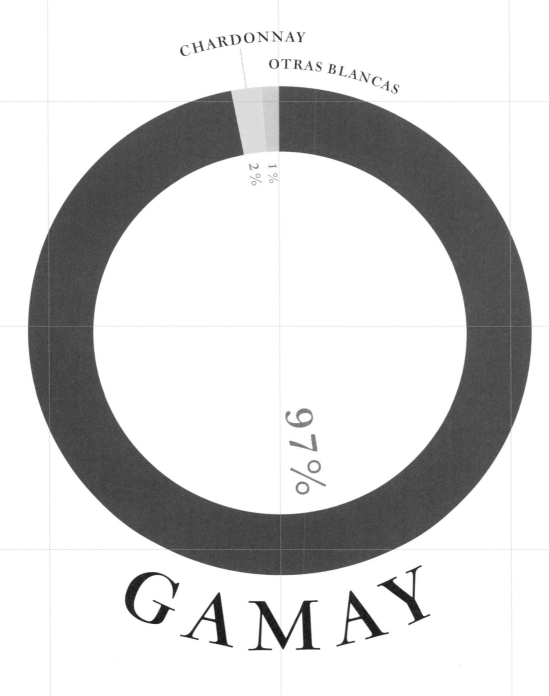

CHARDONNAY

OTRAS BLANCAS

1%

2%

97%

GAMAY

GAMAY

No hay otra región vitícola que tenga tanta lealtad a una sola variedad. No cabe duda, cuando se cata una botella de Beaujolais es gamay (salvo los poquísimos blancos).

El 97 % del viñedo está ocupado por esta fascinante variedad cuya historia se remonta a Borgoña. Se dice que tiene su origen en la aldea de Gamay, en la localidad de Saint-Aubin, en la Côte de Beaune. Los orígenes borgoñones de la gamay están confirmados por investigaciones realizadas en 1999,

conjuntamente por el ENSAM (la Escuela Nacional Superior de Artes y Oficios de Montpellier), el INRA (Instituto Nacional de Investigación Agronómica) y la Universidad de California en Davis, que demuestran que es el resultado de un cruce entre pinot noir y gouais blanc, al igual que sus primas pinot.

En la Edad Media se plantó abundantemente en los alrededores de Beaune, hasta el punto de que empezó a competir con la pinot noir. El duque Philippe le Hardi pidió que se arrancara hasta Mâcon la «planta vil y desleal» que era a sus ojos la gamay.

Proscrita de su tierra natal, fijó su residencia en los suelos graníticos de las colinas entre Mâcon y Lyon. Se adapta perfectamente a estos suelos y hoy hace las delicias de los productores del beaujolais.

La gamay suele producir vinos refrescantes y golosos con aromas de cereza, fresa y arándano. Algunos tienen un carácter especiado pero poco tánico. Los hay que se beben jóvenes, mientras que otros están hechos para envejecer y tienen un hueco en las mejores mesas. Hay gamay para todos los gustos.

CHAMPAGNE

el vino de las burbujas doradas

Vesle

Massif de Saint-Thierry

Montagne de Reims

Fismes

Vallée de l'Ardre

REIMS

Valle del Marne

Ville-en-Tardenois

Châtillon-sur-Marne

MARNE

Vesle

Dormans

CHÂTEAU-THIERRY

ÉPERNAY

Condé-en-Brie

CHÂLONS-EN-CHAMPAGNE

Charly-sur-Marne

Marne

Vitry-le-François

Grand Morin

Côte des Blancs

SEINE-ET-MARNE

Sézanne

Vitry-le-François

Côte de Sézanne

Villenauxe-la-Grande

Aube

Lago de Der-Chantecoq

SENA

AUBE

SENA

Lago de Auzon-Temple

Montgueux

TROYES

Lago de d'Orient

BAR-SUR-AUBE

Aunque el champán es con diferencia el vino más producido en la región de Champaña, sigue existiendo una producción testimonial de vinos tranquilos. Además del vino rosado Rosé des Riceys, la AOC Coteaux Champenois abarca toda la zona de denominación de Champaña y se refiere a los vinos tintos, rosados y blancos elaborados con pinot noir y chardonnay.

Côte des Bar

BAR-SUR-SEINE

Essoyes

Aube

Les Riceys

Mussy-sur-Seine

0   10   20 km

Rosé des Riceys

Champaña

A lo largo y ancho del planeta, el vino más espumoso de Francia se ha convertido en el invitado de honor de los grandes actos. Cada minuto se descorchan en el mundo 578 botellas de champán.

Variedades
·
pinot noir, meunier
·
chardonnay

Hectáreas
34 500

Tipos de vino
9 % 1 %
90 %

Suelos
tiza, arcillas,
arenas, margas

Clima
continental
y oceánico

A pesar de estar lejos de la costa, la región recibe la influencia de las corrientes de aire oceánicas que aportan lluvia sin ningún obstáculo montañoso. La caliza, que integra el subsuelo de la región de Champaña, destaca por su doble ventaja de absorber el exceso de agua y retener el calor. Gracias a sus fríos otoños, que favorecen una maduración lenta de las uvas, la región reúne todas las condiciones necesarias para obtener la acidez precisa para elaborar grandes vinos espumosos.

Existen dos estilos: el champán de las grandes casas y el champán del viticultor. El primero lo producen grandes fincas con el objetivo de trasladar el gusto de la casa. El segundo lo producen viticultores que se afanan en lograr expresar el terroir. La particularidad del champán reside en su coupage. El viticultor puede seleccionar diferentes añadas para la elaboración de una botella. Hablamos de champán *millésimé* cuando todas las uvas proceden de la misma cosecha.

La región cuenta con 319 municipios productores de uva y cada municipio es un cru. Las etiquetas «Premier Cru» y «Grand Cru» distinguen los mejores terroirs. Las uvas de estos viñedos son las más codiciadas y, por tanto, se venden más caras.

El término «champán» se ha utilizado durante mucho tiempo como nombre genérico en otras partes del mundo para describir un vino espumoso. Hoy en día, los viticultores deben utilizar el término «método champenoise» si las uvas no se vendimian ni se vinifican en la región.

Es costumbre servir el champán en una copa flauta, pero una copa de vino tradicional es más adecuada para concentrar y apreciar los aromas. Muy a menudo relegado al aperitivo, es un aliado privilegiado en los maridajes: sírvalo para acompañar pescados, aves asadas o ciertos quesos. ¡Éxito seguro!

> **La particularidad del champán reside en su coupage**

Champán
de menos de 5 años
Flores blancas, pera, manzana, melocotón

Champán
de 5 a 9 años
Brioche, higo, regaliz, miel

Champán
de más de 9 años
Pan tostado, sotobosque, pan de jengibre, cacao

Si un champán le parece cerrado, ¡no dude en decantarlo! La idea puede resultar sorprendente, pero funciona. Asegúrese de verter el contenido suavemente en un decantador que pueda cerrar y colocar en una nevera o una cubitera. Las burbujas y la nariz serán más suaves.

Cereza, violeta, frambuesa, canela

PINOT NOIR

Esta mítica variedad de uva, generalmente asociada a Borgoña, es la más presente en Champaña. Es ideal para los suelos fríos y calcáreos de la región y se encuentra sobre todo en la Montaña de Reims y en la Côte des Bar. Su piel fina la hace poco tánica y fácil de prensar. Es la variedad que aporta cuerpo y potencia a la mezcla. A pesar de lo que pueda pensarse, la mayoría de los champanes se elaboran con uvas tintas. Pero como se vinifican sin la piel, responsable del color, los mostos son blancos.

PINOT NOIR

38%

El origen de las burbujas del champán

Tras las etapas «clásicas» de la elaboración del vino, tiene lugar una segunda fermentación en botella. En el momento de la transformación, cuando la levadura convierte el azúcar en alcohol (fermentación), crea dióxido de carbono, que queda atrapado en la botella y se disuelve en el vino; se calcula que el dióxido de carbono llenaría el equivalente a seis botellas de champán si se le dejara expandirse libremente. Cuando se abre la botella, se rompe este delicado equilibrio y el gas trata de recuperar su volumen «normal» yendo hacia donde puede estirarse después de haber estado encorsetado en el líquido: hacia la superficie.

Antiguamente, antes de que se utilizaran botellas reforzadas, no era extraño verlas explotar. Cabe señalar que la presión en una botella de champán es el triple que en un neumático de coche.

OTRAS

>1%

CHARDONNAY

30%

31%

MEUNIER

OTRAS VARIEDADES

De forma casi testimonial, en los viñedos de Champaña encontramos pinot blanc, arbane, pinot gris y petit meslier.

Tilo, limón, menta, manzana, avellana

CHARDONNAY

Chardonnay y pinot noir son inseparables. En Borgoña se oponen, pero en Champaña se emparejan para dar lugar a los espumosos más exquisitos del mundo. Gracias a su estructura ácida, es la variedad ideal para mejorar el potencial de envejecimiento de un champán. Se encuentra presente en todas las regiones y predomina en la Côte des Blancs.

Manzana, fresa silvestre, melocotón, albaricoque

MEUNIER

Esta robusta variedad está especialmente adaptada a los suelos más arcillosos, como los del valle del Marne. Como brota más tarde que otras variedades, puede resistir mejor las recurrentes heladas primaverales que amenazan las yemas. Por ello, los viticultores la plantan en las parcelas de mayor riesgo. ¿Su punto débil? Se le puede reprochar que no envejece tan bien como su eterna rival, la pinot noir. Produce vinos flexibles y afrutados y aporta redondez al coupage.

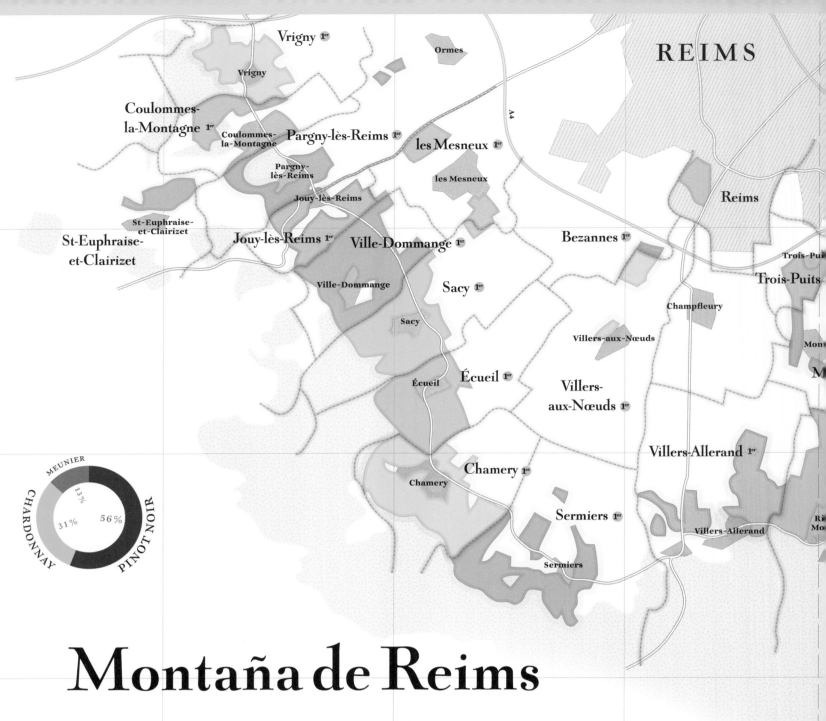

Montaña de Reims

En las laderas de esta meseta boscosa, a las puertas de Reims,
se hallan algunos de los terroirs más prestigiosos de Champaña.

Variedades
- pinot noir, meunier
- chardonnay

Hectáreas

4200

Tipo de vino

100 %

Suelos
arcillocalcáreos
y calcáreo

Al sur de la capital de Champaña se eleva la Montaña de Reims, que culmina a 286 metros. La originalidad de este viñedo reside en su exposición: las laderas en las que están plantadas las vides están orientadas en su mayoría hacia el norte. Este microclima particular brinda una maduración óptima de las uvas. El aire frío de la tarde desciende a la llanura y el aire caliente que se ha formado durante el día sobre la Montaña de Reims desciende sobre las viñas. El bosque que cubre los alrededores actúa como regulador térmico.

La Montaña de Reims es el reino de la pinot noir; ocupa el 60 % de la denominación. Ofrece potencia, cuerpo y vinosidad al champán y encaja como un guante con los suelos calcáreos de la región. Se prefiere plantar chardonnay (más precoz y, por tanto, más sensible a las heladas primaverales) en las laderas situadas al este del macizo, bien protegidas de los vientos del oeste, sobre todo en Trépail y Villers-Marmery.

La Montaña de Reims es la región con mayor número de municipios clasificados como Grand Cru de Champagne, con 10 de 17: Ambonnay, Beaumont-sur-Vesle, Bouzy, Louvois, Mailly-Champagne, Puisieulx, Sillery, Verzenay, Verzy y Tours-sur-Marne.

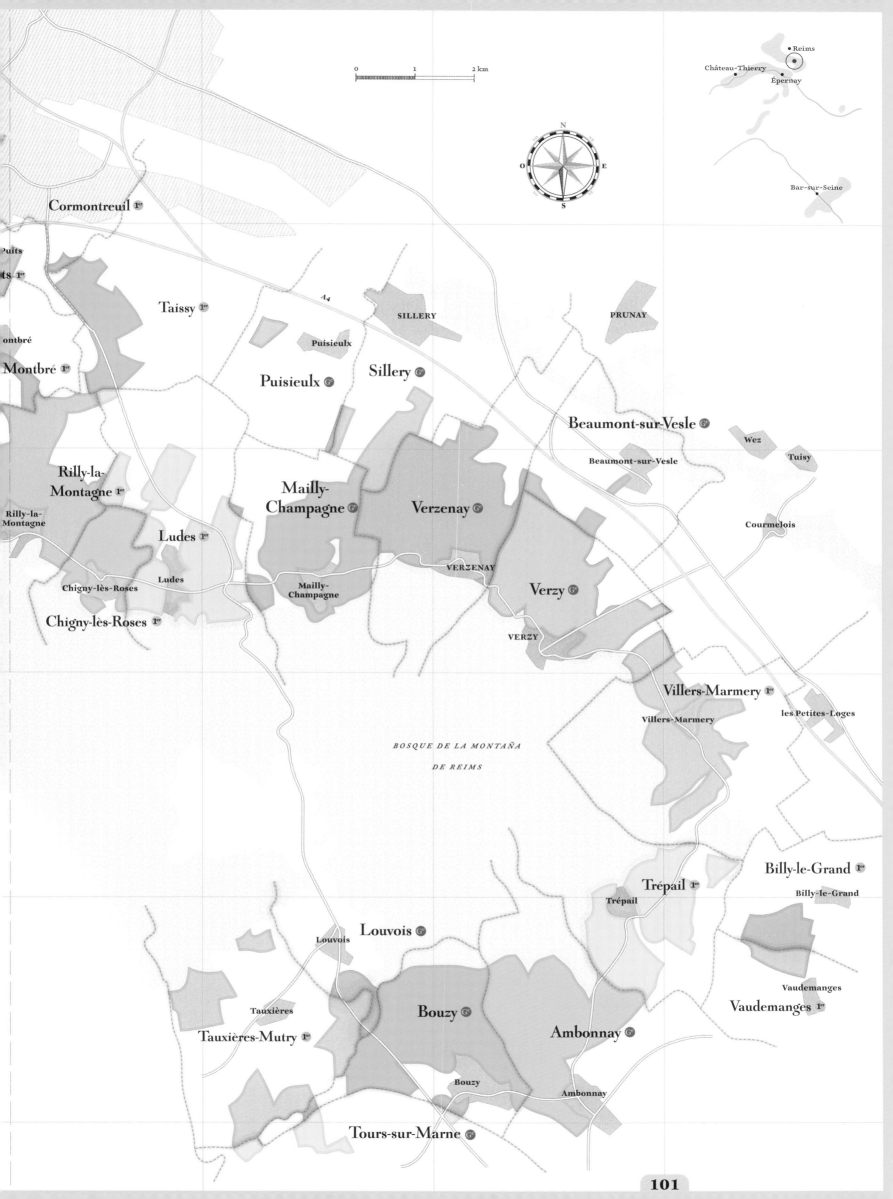

Cormontreuil **1er**

Puits

ts **1er**

ontbré

Montbré **1er**

Taissy **1er**

A4

SILLERY

Puisieulx

Puisieulx **G⁰**

Sillery **G⁰**

PRUNAY

Beaumont-sur-Vesle **G⁰**

Beaumont-sur-Vesle

Wez

Tuisy

Rilly-la-
Montagne **1er**

Rilly-la-
Montagne

Mailly-
Champagne **G⁰**

Verzenay **G⁰**

Ludes **1er**

Ludes

Chigny-lès-Roses

Mailly-
Champagne

VERZENAY

Verzy **G⁰**

Courmelois

Chigny-lès-Roses **1er**

VERZY

Villers-Marmery **1er**

Villers-Marmery

les Petites-Loges

BOSQUE DE LA MONTAÑA

DE REIMS

Billy-le-Grand **1er**

Trépail **1er**

Billy-le-Grand

Trépail

Louvois

Louvois **G⁰**

Vaudemanges

Tauxières

Bouzy **G⁰**

Ambonnay **G⁰**

Vaudemanges **1er**

Tauxières-Mutry **1er**

Bouzy

Ambonnay

Tours-sur-Marne **G⁰**

0   1   2 km

N
O   E
S

• Reims

Château-Thierry
Épernay

Bar-sur-Seine

101

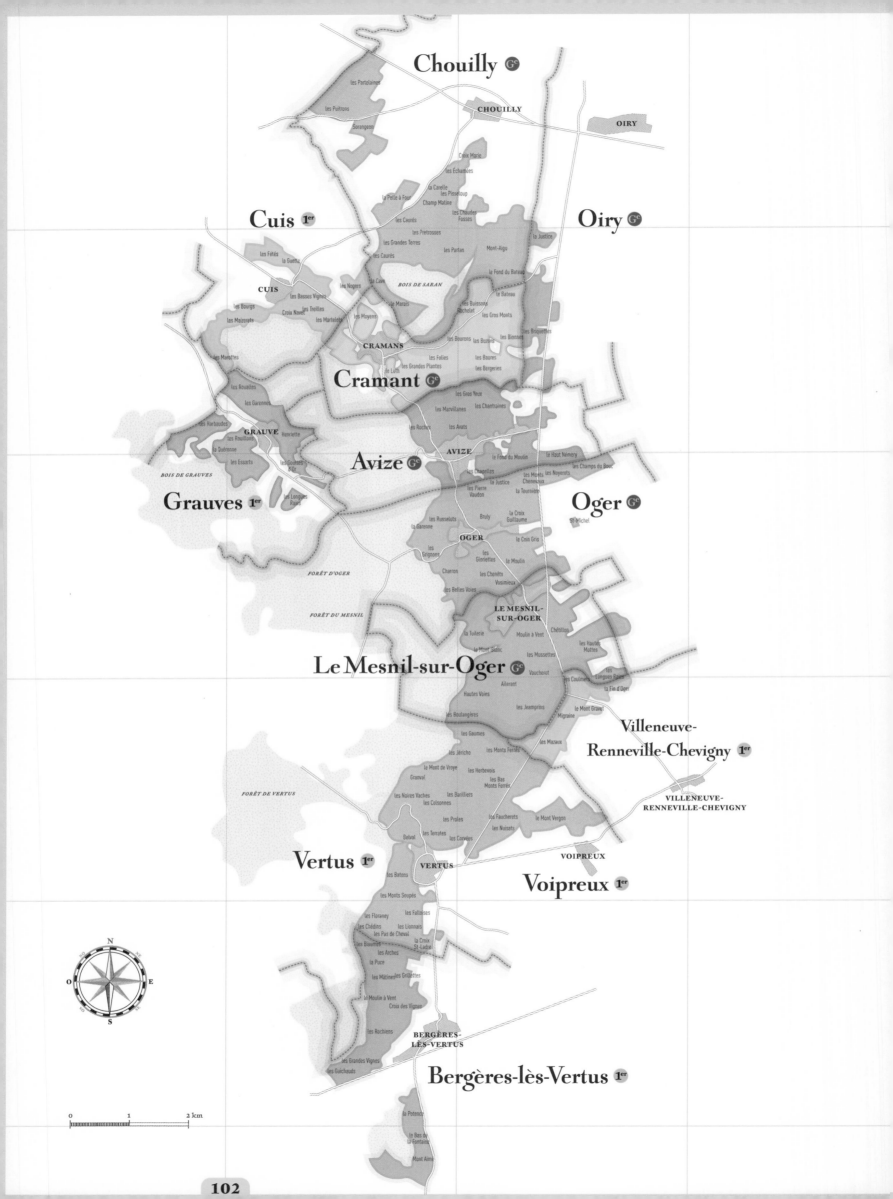

Chouilly G^c

les Partelaines

les Puitrons

Sorangeon

CHOUILLY

OIRY

Croix Marie

les Échamées

Cuis 1er

la Carelle les Pisseloup

la Pelle à Four

Champ Matine

les Chaudes Fosses

les Caurés

les Pretrosses

la Justice

Oiry G^c

les Grandes Terres

les Fêtés

la Guette

les Caurés

les Partas

Mont-Aigu

le Fond du Bateau

les Nogers

la Cave

BOIS DE SARAN

le Bateau

CUIS

les Basses Vignes

le Marais

les Buissons
Rochelet

les Gros Monts

les Bourgs

Croix Navet

les Treilles

les Martelots

les Moyens

les Bourons

les Binnes

les Briquettes

les Maizerets

CRAMANS

les Buxins

les Marottes

les Folies

les Grandes Plantes

le Loth

les Baures

les Bergeries

les Roualles

Cramant G^c

les Garennes

les Gros Yeux

les Harbaudes

les Marvillanes

les Chantraines

GRAUVE

Henriette

les Rouillois

la Quéronne

les Essarts

les Gouttes
d'Or

BOIS DE GRAUVES

Avize G^c

les Roches

les Avats

AVIZE

le Fond du Moulin

le Haut Némery

les Chapelles

les Champs du Bouc

les Monts
Chenevaux

les Noyerots

Grauves 1er

les Longues
Raies

les Russelots

la Garenne

les Pierre
Vaudon

la Justice

la Tournière

Bruly

la Croix
Guillaume

St-Michel

Oger G^c

OGER

le Cnin Gris

les
Grignons

les
Gloriettes

le Moulin

Charron

les Chenêts

FORÊT D'OGER

Vosimieux

les Belles Voies

FORÊT DU MESNIL

LE MESNIL-
SUR-OGER

Chétillos

la Tuilerie

Moulin à Vent

les Hautes
Mottes

le Mont-Blanc

les Mussettes

Le Mesnil-sur-Oger G^c

Vaucherot

les
Longues Raies

Ailerant

les Coulmets

la Fin d'Oger

Hautes Voies

les Boulangères

les Jeamprins

le Mont Gravet

Migraine

Villeneuve-
Renneville-Chevigny 1er

les Gaumes

les Mazaux

les Jéricho

les Monts Ferrés

le Mont de Vroye

les Herbevois

Granval

les Bas
Monts Ferrés

VILLENEUVE-
RENNEVILLE-
CHEVIGNY

FORÊT DE VERTUS

les Noires Vaches

les Bariliers

les Colsonnes

les Proles

les Faucherets

le Mont Vergon

les Terrates

les Nuisats

Belval

les Corvées

VOIPREUX

Vertus 1er

VERTUS

les Batons

Voipreux 1er

les Monts Soupés

les Floraney

les Falloises

les Chédins

les Lionnais

les Pas de Cheval

la Croix
St-Ladre

les Blaumes

les Arches

la Puce

les Mâtines

les Grillettes

le Moulin à Vent

Croix des Vignes

les Rochiens

BERGÈRES-
LÈS-VERTUS

les Grandes Vignes

les Guichauds

Bergères-lès-Vertus 1er

la Potence

le Bas de
la Fontaine

Mont Aimé

N
O E
S

0   1   2 km

Côte des Blancs

Cramant, Avize, Oger…, nombres que forjan la reputación de la Côte des Blancs y que ensalzan de forma unánime la chardonnay.

Variedades
- pinot noir
- chardonnay

Hectáreas

400

Tipo de vino

100 %

Suelos
arcillocalcáreos, arcillosilíceos y calcáreos

En Épernay, la otra capital de Champaña, terminan los viñedos del valle del Marne y dan paso a la Côte des Blancs, que se extiende de norte a sur desde Chouilly hasta Bergères-lès-Vertus. Es, con la Montaña de Reims, la otra joya del viñedo de Champaña, uno de los terroirs de mayor calidad, con seis Grands Crus y seis Premiers Crus reconocidos.

Este viñedo es tierra de uvas blancas; reina la chardonnay, que cubre el 97 % de las viñas. Estas uvas se encuentran lógicamente en la composición del champán «blanc de blancs», término solo autorizado para un champán elaborado con un 100 % de uvas blancas, generalmente chardonnay. Estas uvas también se utilizan para elaborar el champán tradicional, en el que se mezclan con pinot noirs de la Montaña de Reims o del Valle del Marne. En Vertus, la pinot noir está ganando terreno a la chardonnay.

La Côte des Blancs es sinónimo de delicadeza, frescura, finura y elegancia. Estas características son especialmente apreciadas por las grandes casas de Champaña para sus coupages. La chardonnay es una variedad de uva que refleja muy bien el terroir en el que crece. Podemos observar que las viñas de Cramant, en el norte, dan un champán más potente que las de Oger, más incisivas. Avize, en el centro, se caracteriza más por su finura.

Aquí reina la chardonnay

Cuando se vinifica en monocru, la chardonnay de los Grands Crus de la Côte des Blancs es de muy alta calidad. Aquí, cuanto más pronunciada es la pendiente, más cerca está la piedra caliza de las viñas. Esto confiere a los vinos una mayor mineralidad.

La chardonnay de la Côte des Blancs ofrece notas de avellana (a veces tostada), mantequilla fresca, cítricos, limón, membrillo, mirabel y un toque salado.

MEUNIER
PINOT NOIR
1 %
2 %
97 %
CHARDONNAY

Si existe el champán «Blanc de Blancs», también existe el «Blanc de Noirs», elaborado exclusivamente con las variedades de uva tinta pinot noir y meunier, utilizadas solas o en coupage.

Valle del Marne

A tan solo 100 kilómetros de París, la región ofrece un paisaje de laderas onduladas donde las vides crecen a ambos lados. En Hautvillers, a pocos kilómetros al norte de Épernay, es donde se dice que Dom Pérignon descubrió el arte de la elaboración del champán. Estos vinos, con mucho cuerpo, con un bouquet delicado, son menos frescos que los de la Montaña de Reims y aportan más cuerpo a los coupages.

Es la única región de la Champaña en la que predomina la variedad meunier. Si a menudo se la considera como la menos noble de las tres variedades de Champaña, por su carácter más rústico, hoy despierta un renovado interés. Muchos viticultores le otorgan un lugar preferente y llegan incluso a utilizarla como monovarietal y en parcelas. Hay que decir que esta variedad tiene una gran capacidad de adaptación al clima local y madura más tarde. Si uno sabe esperarla, se verá recompensado con vinos afrutados y flexibles, con estructura y redondez.

Tras la Montaña de Reims y la Côte des Bar, el Valle del Marne es el tercer y último viñedo que distingue los municipios como Premier Cru y Grand Cru. Hay un Grand Cru, el de Aÿ, y ocho Premiers Crus: Avenay-Val-d'Or, Bisseuil, Champillon, Cumières, Dizy, Hautvillers, Mareuil-sur-Aÿ y Mutigny, todos concentrados alrededor de Épernay.

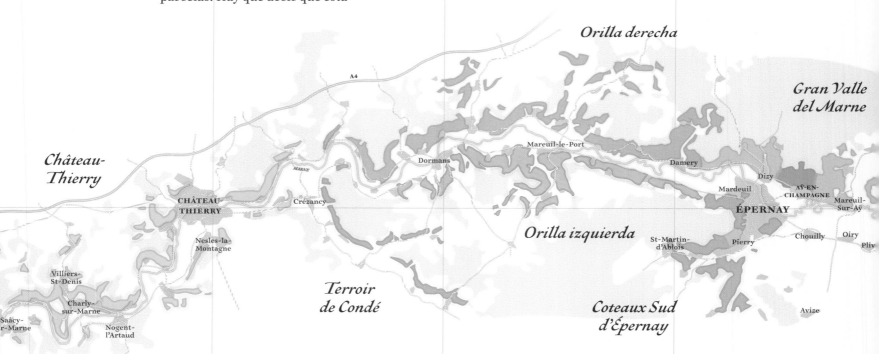

Côte des Bar

Reims

Château-Thierry • Épernay

Bar-sur-Seine

Variedades
•
pinot noir,
meunier
•
chardonnay

Hectáreas
8000

Tipos de vino
2%

98%

Suelos
marga, caliza,
arcilla

El nombre de la denominación procede de la palabra celta *bar*, que significa «cumbre». El viñedo de la Côte des Bar, situado en la parte más meridional de la región vinícola de Champaña, está formado por laderas jurásicas asentadas sobre caliza kimmeridgiana. Aquí, los verdes valles y los pequeños relieves escarpados excavados por los distintos torrentes constituyen un verdadero mosaico con múltiples orientaciones. Los paisajes están jalonados por una alternancia de bosques, laderas y cultivos. Este terroir produce, sobre todo, pinot noir ligeras, buscadas por las grandes casas para realzar la frescura de sus vinos. En el municipio de Riceys existe una denominación de champán de vino tranquilo, el «Rosé des Riceys», elaborado con pinot noir en una superficie de 800 hectáreas.

Bar-sur-Aubois

BAR-SUR-AUBE

Bar-Séquanais

BAR-SUR-SEINE

LES RICEYS

Rosé des Riceys

CHARDONNAY
MEUNIER OTRAS
13%
83%
PINOT NOIR

0   2,5   5 km

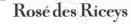

PROVENZA

la vie en rose

Grignan

Nyons

Vaison-la-Romaine

Orange

Carpentras

VAUCLUSE

AVIÑÓN

Gordes

Apt

Les Baux-de-Provence

St-Rémy-de-Provence

ARLÉS

Salon-de-Provence

RÓDANO

BOCAS DEL
RÓDANO

AIX-EN-PROVENCE

Palette

MARSELLA

Aubagne

Cassis

la Ciotat

Bandol

TOULON

Hyères

Islas de Hyères

Barcelonnette

ITALIA

Allos

Auron

ALPES DE
ALTA PROVENZA

MERCANTOUR

Digne-les-Bains

ALPES
MARÍTIMOS

Forcalquier

**Coteaux
de Pierrevert**

Durance

Moustiers-
Ste-Marie

Castellane

Bellet

Menton

**Coteaux
d'Aix-en-Provence**

NIZA

MÓNA

**Coteaux
Varois-en-Provence**

VAR

Draguignan

Côtes de Provence

ANTIBES

CANNES

Fréjus

St-Raphaël

Brignoles

Notre-Dame-des-Anges

St-Tropez

Isla de Levant

N

O   E

S

M A R

M E D I T E R R Á N E O

Provenza

En una tierra seca donde domina el sol, los viticultores de Provenza se esfuerzan por revelar todos los matices de este magnífico terroir mediante vinos singulares. La Provenza es tierra de rosado, por supuesto, pero hay más.

Variedades

garnacha, syrah, cinsault…

rolle, marsanne, garnacha blanca…

Hectáreas

30 000

Tipos de vino

9 % 5 %

86 %

Suelos

caliza, esquisto, granito, filita, gres, marga y arena aluvial

Clima

mediterráneo

Con sus 2600 años de historia, el viñedo provenzal puede presumir de ser el más antiguo de Francia, desde que los focenses plantaron allí las primeras vides al mismo tiempo que fundaban Marsella. Si más tarde la vid remontó el Ródano para instalarse en los cuatro puntos cardinales de Francia, nunca ha abandonado las suaves colinas de Provenza, cuya belleza no tiene parangón. El viñedo, gravemente afectado por la crisis de la filoxera de la década de 1880, renació gracias a la cooperación de los viticultores, un largo proceso que condujo a la concesión sucesiva de tres denominaciones a partir de la década de los setenta: Côtes de Provence, Coteaux d'Aix-en-Provence y Coteaux Varois-en-Provence; estas tres denominaciones representan el 95 % de los vinos de origen protegido de Provenza (la denominación Bauxde-Provence se separó de Coteaux d'Aix-en-Provence en 1995). Reconocidas desde los años cuarenta por sus excepcionales terroirs, cuatro denominaciones municipales conforman el prestigio de la región: Cassis, Bandol, Palette y Bellet.

El viñedo se extiende desde Arlés, se vuelve más denso en el triángulo de Salon-de-Provence-Toulon-Draguignan y luego se extiende hasta Niza. Con más de 200 kilómetros de longitud, cuenta con diversos paisajes y terroirs marcados por parajes naturales excepcionales: los macizos de los Alpilles, la Sainte-Baume, los Maures o incluso las gargantas del Estérel y del Verdon; nombres que huelen a pino y a garriga, y de fondo una banda sonora de cigarras. El viñedo, como se puede imaginar, tiene una gran ventaja en términos de enoturismo.

Vino de Provenza y vino rosado, he aquí una asociación tan generalizada como cierta: el 86 % de los vinos de Provenza son rosados, el 36 % del vino rosado de Francia es provenzal, el 8 % del vino rosado del mundo es provenzal. El rosado es todo un estilo de vida que concuerda con un clima cálido y seco y que respeta la antigua tradición del coupage. La Provenza cuenta con una amplia gama de variedades de uva tinta y blanca que se utilizan para mezclar vinos tintos, rosados y blancos. El rosado Côtes de Provence, por ejemplo, autoriza el uso de trece variedades de uva tinta y blanca, encabezadas por la garnacha, la syrah y la cinsault. Viaje al país del rosado…

Donde el coupage es tradición

Lichi   Melocotón   Salmón   Albaricoque   Coral   Frambuesa   Grosella   Cereza

LOS MATICES DE LOS ROSADOS DE PROVENZA

Los rosados de Provenza ocupan un lugar tan destacado que el CIVP (Consejo Interprofesional del Vino de Provenza) está poniendo en marcha el Observatorio Mundial del Rosado, un instituto encargado de analizar la producción y el consumo de rosado en todo el mundo.

VARIEDADES

Violeta, pimienta, frutos rojos confitados

SYRAH

Es una variedad tánica que confiere a los vinos tintos un buen potencial de envejecimiento y un color muy intenso, casi negro. La syrah está siempre presente, o casi siempre, en las mezclas de rosados, en los que acentúa los aromas frutales y a los que aporta un bonito color frambuesa.

Cacao, café, laurel, frutos secos, cereza negra

GARNACHA

Es una variedad imprescindible en los viñedos del sur de Francia; su buena adaptación al clima cálido está ligada a su origen español. Es resistente a los fuertes vientos como el mistral y puede utilizarse con vinos jóvenes y más maduros, a los que aporta amplitud. Se utiliza mucho en la elaboración de rosados de Provenza.

Frambuesa, grosella, rosa, flores secas

CINSAULT

La cinsault es muy apreciada en los vinos tintos y rosados por su frescura y delicadeza; ayuda a matizar la potencia de ciertas variedades de uva tinta. Originaria de Provenza, donde sus sabrosas bayas eran muy apreciadas, antaño se utilizaba como uva de mesa.

Pimiento verde, casis, tabaco, regaliz

CABERNET SAUVIGNON

A diferencia de la cinsault, la cabernet sauvignon se plantó en Provenza para aportar estructura y cuerpo a los vinos tintos del país. Mezclada con syrah, ofrece grandes vinos de guarda que hacen que los taninos, bastante presentes, se redondeen de forma armoniosa. También se utiliza para elaborar ciertos rosados.

Cereza, frambuesa, ciruela, laurel, cuero

CARIÑENA

Al contrario que la syrah, que tiende a progresar en el viñedo provenzal, la cariñena es un poco más discreta. Aunque ya no es una de las variedades más plantadas aquí como hace dos siglos, se sigue apreciando su gran adaptabilidad a los suelos pobres de la Provenza. Si se controla su rendimiento, puede ser una baza eficaz en el coupage de tintos y rosados.

Violeta, mora, pimienta, trufa, aceituna negra

MOURVÈDRE

Es una variedad caprichosa y de maduración tardía que ha encontrado su suelo favorito en el destacado terroir de Bandol, donde constituye una parte mayoritaria de los coupages. La garnacha y la syrah son buenas aliadas. La mourvèdre se parece a la cabernet sauvignon, posee unos taninos espléndidos y ofrece una magnífica estructura a los tintos.

Flores blancas, cítricos, pimienta blanca

TIBOUREN

Genuinamente provenzal, es una de las variedades fundamentales de las Côtes de Provence, tanto en rosado como en tinto. Aunque solo se utilice de forma ocasional, se aprecia la gran delicadeza que aporta a los rosados.

GARNACHA

38%

17%

SYRAH

DE PROVENZA

CLAIRETTE

Anís, garriga, melocotón, miel de acacia, piña

La clairette es famosa en Provenza por el espléndido dúo que forma con la marsanne en el terroir de Cassis. Aporta una gran frescura a los vinos. También aparece en el coupage de los rosados.

OTRAS VARIEDADES DE UVA BLANCA

Sémillon, bourboulenc...

Melocotón, flores blancas, melón, notas anisadas

GARNACHA BLANCA

Al igual que la garnacha tinta de la que procede, esta variedad se adapta a la perfección a los terroirs de Provenza. Sus bayas jugosas y afrutadas confieren a los vinos una gran singularidad.

Frutas blancas, miel, regaliz, tilo, almendra

MARSANNE

Esta variedad del Ródano, muy utilizada en la denominación de Cassis y en sus suelos cálidos y pedregosos, ha abandonado a la roussanne, con la que suele mezclarse, para asociarse con la clairette y la ugni blanc.

Boj, retama, hierba cortada, cítricos, almendra

SAUVIGNON BLANC

La sauvignon agradece los suelos calcáreos de la Provenza. Aporta delicadeza y un amplio bouquet aromático a los vinos blancos.

Membrillo, plátano, cítricos

UGNI BLANC

Famosa por su alto rendimiento, aporta a los vinos poco aroma, pero con un agradable punto nervioso y ácido. El blanco de Provenza es siempre fruto de un coupage en el que la ugni blanc ocupa un lugar destacado.

Cítricos, pera, almendra, espino blanco, melocotón

ROLLE (VERMENTINO)

Esta variedad de uva italiana siempre ha sido muy popular entre los viticultores provenzales. Produce magníficos vinos blancos monovarietales y aporta un bello color pálido y cristalino a los rosados. Está muy presente en la denominación de Bellet y gana terreno cada año en la Provenza.

Especias, pimienta blanca, ciruela, mora

COUNOISE

Esta variedad de origen español es apreciada en los coupages de rosados, a los que aporta una agradable acidez, fruta y flexibilidad.

OTRAS VARIEDADES DE UVA TINTA

Folle Noire, braquet, barbaroux, calitor, caladoc.

Gráfico circular (etiquetas):
OTRAS BLANCAS — 1%
GARNACHA BLANCA — 1%
CLAIRETTE — 1%
MARSANNE — 1%
SAUVIGNON — 1%
UGNI BLANC — 2%
ROLLE — 3%
OTRAS TINTAS — 2%
COUNOISE — 2%
TIBOUREN — 3%
MOURVÈDRE — 5%
CARIÑENA — 7%
CABERNET SAUVIGNON — 7%
CINSAULT — 9%

111

Coteaux d'Aix-en-Provence

La cabernet sauvignon tiene mayor peso en estas tierras que en el resto de la Provenza. Los tintos tienen mucho cuerpo y taninos marcados. A los viticultores les gusta combinar largos periodos de encubado* (alrededor de un mes) con periodos más breves, lo que dota a los vinos de una buena horquilla de consumo; serán buenos jóvenes y también agradecerán el envejecimiento. Los blancos garantizan complejidad y una rica paleta aromática gracias a la combinación de bourboulenc, rolle, clairette, garnacha blanca, ugni blanc, sauvignon y sémillon. Los rosados dominan la producción y responden a la imagen de los rosados de Provenza: elegantes y equilibrados.

3900 ha
6% 12%
82%

*Encubado: Primera fase de la elaboración del vino tinto, durante la cual el mosto y las partes sólidas de las uvas tintas maceran en la cuba para iniciar la fermentación.

Coteaux Varois-en-Provence

Alrededor del macizo de Sainte-Baume y Brignoles, las laderas del Varois se alzan a 400 metros de altitud, donde se benefician de un clima ligeramente más suave que el de las denominaciones vecinas. Las variedades tradicionales de la Provenza prosperan en suelos calcáreos. Los coupages son similares a los de la denominación Bandol, con hegemonía de la mourvèdre acompañada de la garnacha y la cinsault.

2630 ha
3% 7%
90%

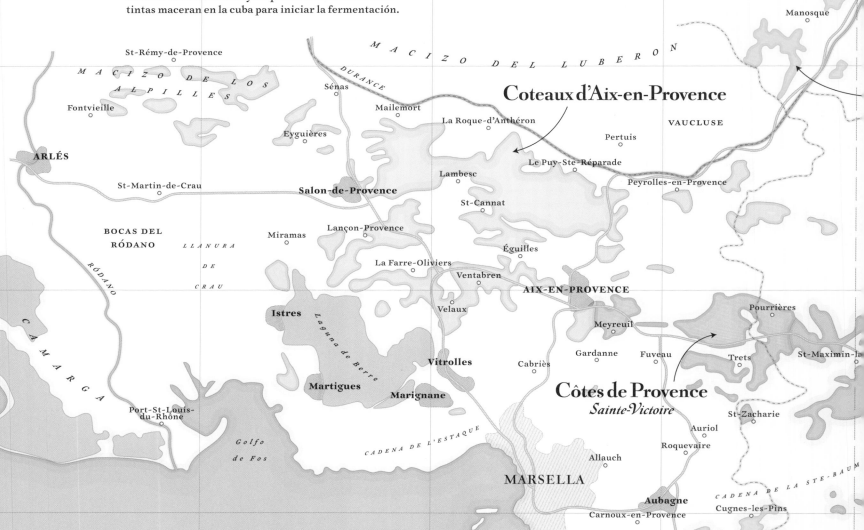

Manosque

St-Rémy-de-Provence

MACIZO DE LOS ALPILLES

DURANCE

MACIZO DEL LUBERON

Coteaux d'Aix-en-Provence

Fontvieille

Sénas

Mailemort

La Roque-d'Anthéron

VAUCLUSE

Eyguières

ARLÉS

St-Martin-de-Crau

Lambesc

Pertuis

Le Puy-Ste-Réparade

Peyrolles-en-Provence

Salon-de-Provence

St-Cannat

BOCAS DEL RÓDANO

LLANURA DE CRAU

Miramas

Lançon-Provence

Éguilles

RÓDANO

La Farre-Oliviers

Ventabren

AIX-EN-PROVENCE

Pourrières

CAMARGA

Istres

Laguna de Berre

Velaux

Meyreuil

Gardanne

Fuveau

Trets

St-Maximin-la

Vitrolles

Cabriès

Côtes de Provence
Sainte-Victoire

Martigues

Marignane

St-Zacharie

Port-St-Louis-du-Rhône

Auriol

Roquevaire

Golfo de Fos

CADENA DE L'ESTAQUE

Allauch

MARSELLA

CADENA DE LA STE-BAUM

Aubagne

Cugnes-les-Pins

Carnoux-en-Provence

Cassis

Le Beausset

La Ciotat   St-Cyr-sur-Mer

Denominaciones regionales

Bandol

Olli

Six-Fours-les-Plages

0   5   10 km

Coteaux de Pierrevert

Entre Ródano y Provenza, la zona de denominación se aleja del corazón del viñedo provenzal para ascender a cotas mayores de la Alta Provenza, en laderas de 400 metros de altitud entre Manosque y Forcalquier.

Las variedades se asemejan a las de las grandes denominaciones provenzales, pero la uva tinta domina la producción. Es un vino tánico y bien estructurado que merece varios años de envejecimiento.

450 ha

10%
30%
60%

Côtes de Provence

Peso pesado de la región, la denominación produce cerca de dos tercios de los vinos provenzales y se extiende por ochenta y tres municipios del corazón de Provenza, entre Marsella y Fréjus. Cinco indicaciones geográficas refuerzan la denominación: La Londe, Sainte-Victoire, Pierrefeu, Fréjus y Notre-Dame-des-Anges, la más reciente; estas últimas gozan de microclimas y terroirs muy específicos.

Los vinos, en su mayoría rosados, se elaboran con una mezcla de trece variedades de uva tinta y blanca, entre las que destacan la syrah, la garnacha, la mourvèdre, cinsault y la tibouren. Los rosados se visten con una variedad de tonos delicados que van de la grosella al melón pasando por el salmón.

20 000 ha

3% 7%
90%

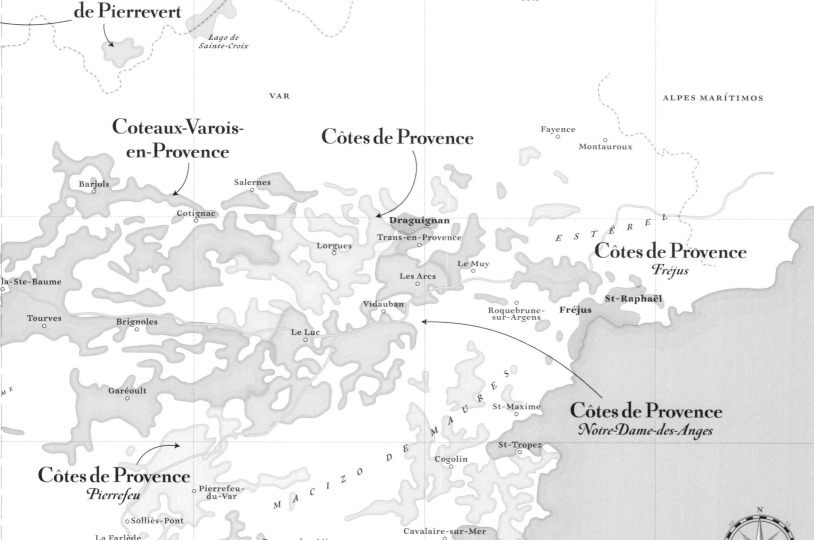

MESETA DE VALENSOLE

ALPES DE ALTA PROVENZA

Riez

Coteaux de Pierrevert

Lago de Sainte-Croix

VAR

ALPES MARÍTIMOS

Coteaux-Varois-en-Provence

Barjols

Salernes

Côtes de Provence

Fayence
Montauroux

Cotignac

Lorgues

Draguignan
Trans-en-Provence

ESTÉREL

Côtes de Provence
Fréjus

-la-Ste-Baume

Le Muy

Les Arcs

St-Raphaël

Tourves

Brignoles

Vidauban

Roquebrune-sur-Argens

Fréjus

Le Luc

ME

Garéoult

St-Maxime

Côtes de Provence
Notre-Dame-des-Anges

St-Tropez

Cogolin

Côtes de Provence
Pierrefeu

Pierrefeu-du-Var

Solliès-Pont

Cavalaire-sur-Mer

La Farlède

La Crau

Bormes-les-Mimosas

llioures

La Londe-les-Maures

Le Lavandou

TOULON

Hyères

Carqueiranne

St-Mandrier-sur-Mer

MAR

Côtes de Provence
La Londe

Isla de Levant

MEDITERRÁNEO

Isla de Porquerolles

Isla de Port-Cros

ISLAS DE HYÈRES

N
O E
S

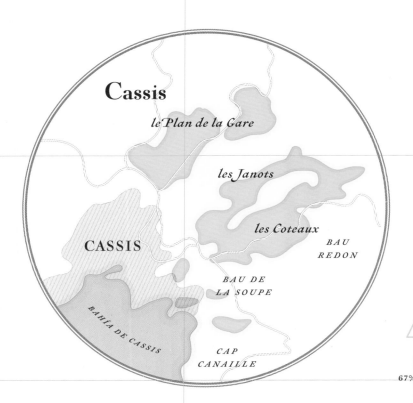

Cassis

Gran tierra de blancos en una región de rosados, los vinos de Cassis son vinos con prestigio: fue una de las primeras denominaciones vitícolas de Francia en ser distinguida por el INAO (Instituto Nacional de Origen y Calidad) en 1936. Su composición no se parece a ninguna otra, con un sorprendente dúo marsanne-clairette: la primera aporta delicadeza, elegancia y persistencia en boca; la segunda, redondez y untuosidad. La marsanne y la clairette se acompañan con un matiz de ugni blanc, bourboulenc, sauvignon blanc y pascale blanc. Estos blancos se reconocen por su brillante color entre amarillo verdoso y pajizo. ¿En boca? Una gran persistencia y un punto ligeramente meloso. La mezcla de garnacha, cinsault y mourvèdre sigue siendo habitual para los tintos y rosados. El viñedo está maravillosamente instalado en terrazas en las laderas del Cap Canaille, que se eleva a 400 metros frente al mar… Un marco excepcional y precioso.

210 ha

3%
30%
67%

Denominaciones municipales

Bandol

Bandol es el lugar predilecto para la mourvèdre, una variedad tardía y difícil que extrae de este terroir mediterráneo cuanto necesita para desarrollarse al máximo. Los potentes vientos, la brisa marina, el sol permanente y los suelos calcáreos favorecen una maduración lenta y completa de las uvas. La tanicidad de la mourvèdre combinada con una maduración de dieciocho meses en barricas o toneles confiere al tinto de Bandol una gran capacidad de envejecimiento de hasta quince años e incluso más. Aunque se utiliza en el coupage en una proporción mínima del 50 % para los tintos y del 25 % para los rosados, la mourvèdre suele combinarse con garnacha y cinsault. Los blancos, elaborados principalmente con bourboulenc, ugni blanc y clairette, son alegres, frescos y muy aromáticos.

1600 ha

5%
22%
73%

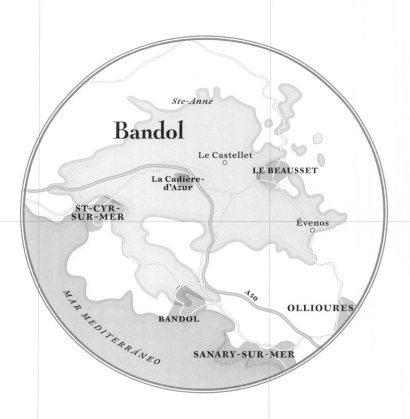

Palette

La denominación, reconocida desde 1948, abarca unas 50 hectáreas en torno a Aix-en-Provence. Las vides crecen en las faldas de las pendientes rocosas, donde el microclima es muy favorable. Los tintos son grandes vinos de guarda y están dominados por la garnacha; los rosados se distinguen por sus marcados aromas florales; los blancos, en los que predomina la clairette, son de gran delicadeza.

46 ha
30%
15% 55%

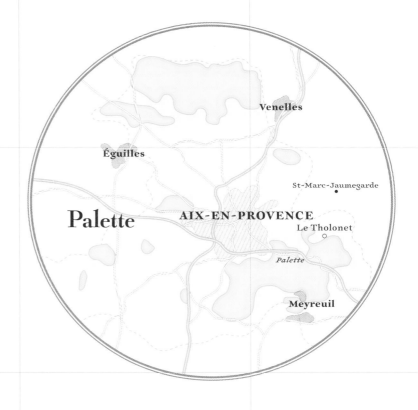

Les Baux-de-Provence

Les Baux-de-Provence

Situada a ambos lados de la cordillera de los Alpilles, se trata de una barrera montañosa que domina el paisaje, en donde la vid compite con los olivos y ofrece al visitante unas hermosas vistas de la Provenza. La denominación produce únicamente tintos y rosados. Los primeros son carnosos y contundentes y los segundos resultan especialmente afrutados. Ambos vinos pueden esperar unos años en bodega.

250 ha
25%
75%

Bellet

Conocido por unos pocos, marca el final del viñedo de Provenza antes de la frontera con Italia. Está situado en unas magníficas terrazas con vistas a la Baie des Anges a 200 metros de altitud, justo dentro de la ciudad de Niza. El rosado se elabora con la uva local braquet, como monovarietal o con garnacha y cinsault. El tinto es un coupage similar, con la adición de folle noire. Los blancos son un coupage de rolle (o vermentino) con un toque de chardonnay y clairette. Todos los vinos son dignos de guarda, alrededor de un año para los blancos y los rosados.

50 ha
35% 42%
23%

LORENA

la pulgarcita

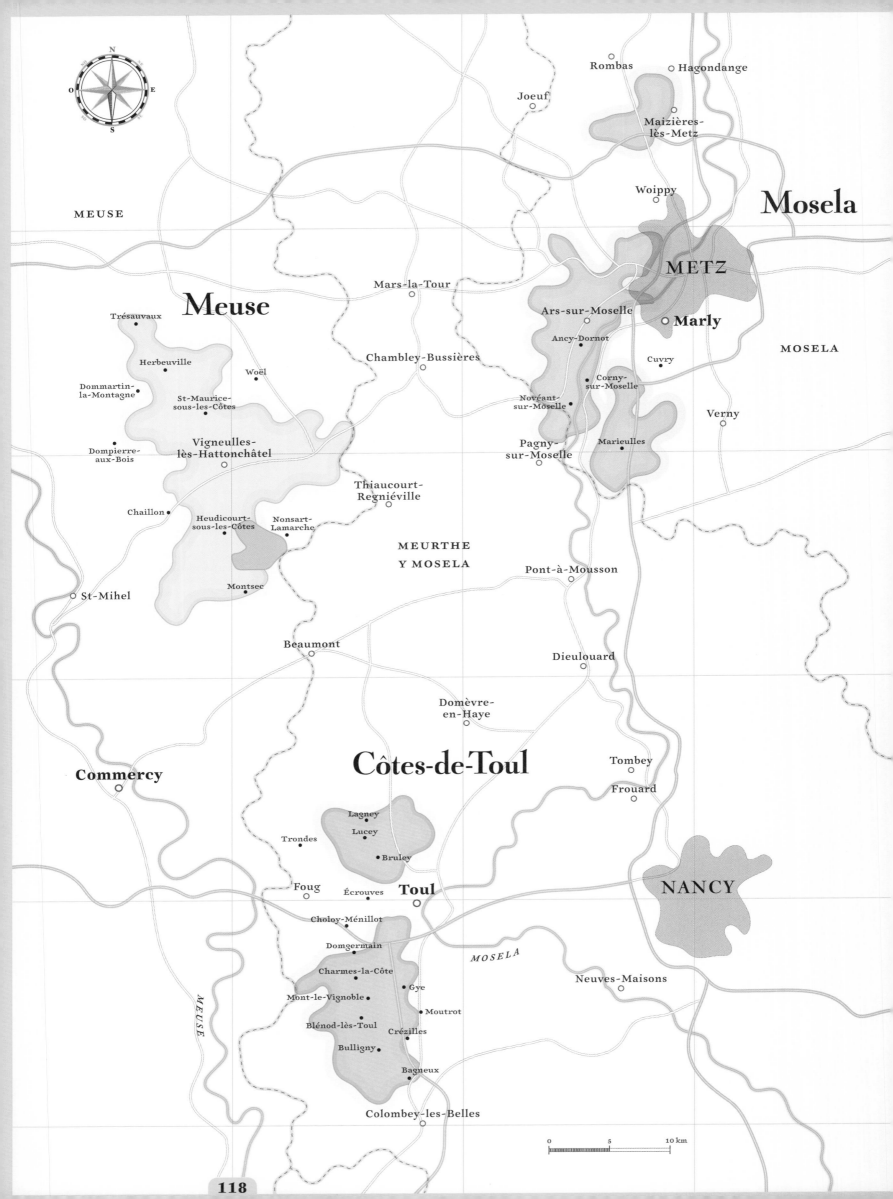

Mosela

MEUSE

Meuse

METZ

Marly

MOSELA

Rombas

Hagondange

Joeuf

Maizières-
lès-Metz

Woippy

Mars-la-Tour

Ars-sur-Moselle

Ancy-Dornot

Cuvry

Chambley-Bussières

Corny-
sur-Moselle

Trésauvaux

Herbeuville

Woël

Dommartin-
la-Montagne

St-Maurice-
sous-les-Côtes

Novéant-
sur-Moselle

Verny

Dompierre-
aux-Bois

Vigneulles-
lès-Hattonchâtel

Pagny-
sur-Moselle

Marieulles

Chaillon

Heudicourt-
sous-les-Côtes

Thiaucourt-
Regniéville

Nonsart-
Lamarche

MEURTHE
Y MOSELA

Pont-à-Mousson

St-Mihel

Montsec

Beaumont

Dieulouard

Domèvre-
en-Haye

Côtes-de-Toul

Tombey

Commercy

Frouard

Lagney

Lucey

Trondes

Bruley

NANCY

Foug

Écrouves

Toul

MOSELA

Choloy-Ménillot

Domgermain

Charmes-la-Côte

Gye

MEUSE

Mont-le-Vignoble

Moutrot

Neuves-Maisons

Blénod-lès-Toul

Crézilles

Bulligny

Bagneux

Colombey-les-Belles

0   5   10 km

Lorena

A pesar de su reducida superficie y discreto perfil, los viñedos de Lorena defienden sus colores con originalidad.

Variedades

pinot noir, meunier, gamay

chardonnay, pinot blanc, aligoté, auxerrois, aubin, müller-thurgau

Hectáreas

280

Tipos de vino

10% 20%
15%
55%

Suelo

arcillocalcáreo

Clima

oceánico templado y semicontinental

Es la región vitivinícola más pequeña de Francia. Los vinos de Lorena proceden de tres departamentos: Vosgos, Mosela y Meurthe y Mosela. El viñedo de Lorena, que actualmente está bajo la sombra de su vecino alsaciano, surgió de la mano de los romanos en el siglo III. Si bien, al igual que en todas partes, la crisis de la filoxera frenó su expansión, también se vio gravemente afectado por las dos guerras mundiales del siglo XX.

Desde la década de los ochenta se ha producido una dinámica positiva en la región, cuyo principal exponente fue el reconocimiento de la denominación Côtes de Toul en 1998, seguido del de la denominación Moselle en 2010.

La principal originalidad del viñedo de Lorena reside en su producción de vino gris, una variante del vino rosado. Las uvas pinot noir y gamay se prensan y se dejan macerar durante solo unas horas con su piel tinta, de modo que el color del mosto se vuelve gris.

Côtes-de-Toul

Al oeste de la ciudad de Toul encontramos la denominación principal de Lorena, cuyo desarrollo se remonta a los duques de Lorena y a los obispos de Toul. Los vinos grises, elaborados con gamay y pinot noir, tienen un color asalmonado y son secos y ligeros. Los blancos son 100% auxerrois, una variedad local, y tienen mucho cuerpo y una nariz cítrica, mientras que los tintos, elaborados con un 100% de pinot noir, son sutiles y flexibles.

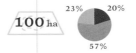

100 ha   23% 20%
57%

Moselle

Esta denominación abarca tres territorios: el principal se encuentra alrededor de Metz, al oeste de la ciudad, y las otras dos zonas que completan la denominación se localizan, una, en la frontera luxemburguesa y, otra, en el lado opuesto de la frontera entre Mosela y Meurthe y Mosela. Los blancos utilizan las siguientes variedades: auxerrois, müller-thurgau y pinot gris, que pueden ir acompañadas de gewurztraminer, pinot blanc o riesling. Los monovarietales son ligeros, mientras que los vinos de coupage son más complejos. Para los vinos grises se utiliza pinot noir y gamay, mientras que los tintos son 100% pinot noir.

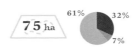

75 ha   61% 32%
7%

BORGOÑA

el arte de los monovarietales

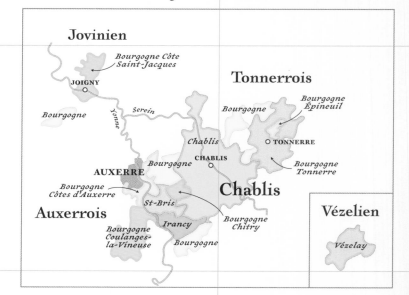

Borgoña

De todas las regiones francesas, Borgoña es la que cuenta con el mayor número de denominaciones y lieux-dits. Tan exclusivos como variados, sus vinos se encuentran entre los más codiciados del mundo.

Variedades

• pinot noir, gamay

• chardonnay, aligoté

Hectáreas

30052

Tipos de vino

30 %

70 %

Suelos

ideal para pinot noir:
caliza bien drenada;
ideal para chardonnay:
margacalizo con
más arcilla

Clima

semicontinental
templado

**Climats clasificados
Premier Cru**

562

**Climats clasificados
Grand Cru**

33

La historia de los vinos de Borgoña está estrechamente ligada a la de los monasterios. En la Edad Media, los monjes de Cîteaux esculpieron el paisaje con los famosos clos que hoy conocemos. En 1874, Francia se vio azotada por una oleada de filoxera: un insecto devastador que arrasó tres cuartas partes de los viñedos. Borgoña no se salvó, pero emergió reforzada de esa hecatombe vinícola. Los viticultores decidieron replantar solo los mejores terroirs y centrarse en vinos monovarietales: la región dio un giro hacia la excelencia.

El viñedo se caracteriza por una sucesión de pequeñas parcelas en grandes terroirs. Las viñas siguen una red de fallas geológicas, fuentes de una increíble riqueza subterránea. Los borgoñones comprendieron rápidamente la importancia de delimitar, nombrar y clasificar los terroirs de la región con las denominaciones «Premier Cru» y «Grand Cru». Para ir más allá, identificaron microterroirs dentro de los crus, a los que se denominan «climats»; Borgoña tiene 1463. El vino producido en esta parcela adopta el nombre de la denominación así como el del climat del que procede.

Todos los vinos de Borgoña son monovarietales, es decir, se elaboran con una misma variedad: chardonnay para los blancos y pinot noir para los tintos. Ambas se plantan en todo el mundo, pero en Borgoña reflejan toda su elegancia. La gamay y la aligoté representan menos del 10 % del viñedo.

Pequeñas parcelas en grandes terroirs

La región fascina al amante del vino, pero el precio es a menudo un freno para llenar la bodega. Los crus situados entre Beaune y Dijon han sido víctimas de la especulación en los últimos quince años y ahora figuran entre los vinos más caros del mundo. Pero no se preocupe, muchos viticultores intentan mantener precios razonables; le toca a usted descubrirlos.

Breve diccionario borgoñón

FINAGE: En la Edad Media, este término designaba el territorio de una parroquia. En la actualidad, se aplica a la denominación municipal.
POR EJEMPLO: *le finage de Pommard.*

CLOS: Murete de piedra que delimita y protege una parcela de tierra. El Clos Vougeot o el Clos de Tart son algunos de los más famosos.

CLIMATS: Parcela meticulosamente estudiada y delimitada por su terroir. Hay 1463 climats catalogados como patrimonio mundial de la Unesco.

AOC Grands Crus (1%)

AOC Premiers Crus (10%)

AOC municipales (36%)

AOC regionales (53%)

PRODUCCIÓN DE VINO EN BORGOÑA
POR DENOMINACIÓN

Manzana, pan tostado, vainilla, avellana, pera

CHARDONNAY

La chardonnay es descendiente de la pinot noir y de otra antigua variedad: la gouais blanc. Es originaria de Borgoña, pero, a diferencia de la pinot noir, tiene una gran capacidad de adaptación, lo que explica su presencia en todo el mundo. Se trata de una variedad precoz, pues los primeros brotes aparecen pronto, lo que la hace sensible a las heladas primaverales. En los suelos margosos y calcáreos de Borgoña es donde mejor se expresa. Es un fiel reflejo del terroir y resulta ideal para expresar la inmensa variedad y complejidad de cada rincón de Borgoña. Cuatro lugares en los viñedos de Borgoña para degustar cuatro magníficas expresiones de la chardonnay son las colinas de Montrachet, Meursault, Chablis y Pouilly-Fuissé.

CHARDONNAY 51%

6%

ALIGOTÉ

Acacia, limón, avellana, melocotón blanco

ALIGOTÉ

Esta variedad autóctona, ampliamente suplantada por su ilustre pariente la chardonnay, sigue siendo la segunda variedad de uva blanca más importante de la región. Tras haber sido un tanto descuidada, los viticultores de la región reconocen que forma parte del patrimonio local que debe preservarse. Con un rendimiento controlado, puede hacer maravillas, como demuestra el hecho de que en su día se utilizara en Corton-Charlemagne y enMontrachet antes de la crisis de la filoxera. Actualmente existe un Morey-Saint-Denis Premier Cru elaborado con el 100 % de aligoté.

DE BORGOÑA

OTRAS

GAMAY

1%

2%

40%

PINOT NOIR

OTRAS VARIEDADES

En Auxerrois encontramos la césar,
tradicional en la denominación Irancy, y la
sauvignon blanc y gris, la gran originalidad
de Saint-Bris. De forma muy anecdótica,
en Borgoña están la pinot beurot,
la sacy y la melon.

*Frambuesa, fresa, pimienta,
cereza, canela*

GAMAY

La gamay, acusada de empañar la reputación
de la región, fue desterrada del ducado de Borgoña
en el siglo XIV. Hoy en día, es sobre todo en el
Mâconnais, en sus suelos graníticos y silíceos, donde
ofrece lo mejor de sí misma en Borgoña y donde da
vinos elegantísimos, carnosos y potentes en su
juventud, que se suavizan para volverse más
sedosos con el tiempo.

*Cereza, pimienta, casis,
ciruela, champiñón*

PINOT NOIR

Dueña y señora de Borgoña, es sin duda una de las
variedades de uva más codiciadas; todo el mundo quiere
hacer pinot. Pero también es una de las más caprichosas:
son pocos los terroirs capaces de sublimarla de verdad.
Entre los cincuenta vinos más caros del mundo,
veinticuatro son pinot noir... de Borgoña. Y es en la Côte
de Nuits donde ofrece su mejor cara. La pinot noir
prefiere la frescura y las cosechas pequeñas. Si en su
juventud se muestra afrutada, es una extraordinaria
viajera en el tiempo: las mejores botellas pueden
guardarse veinte años antes de abrirlas.

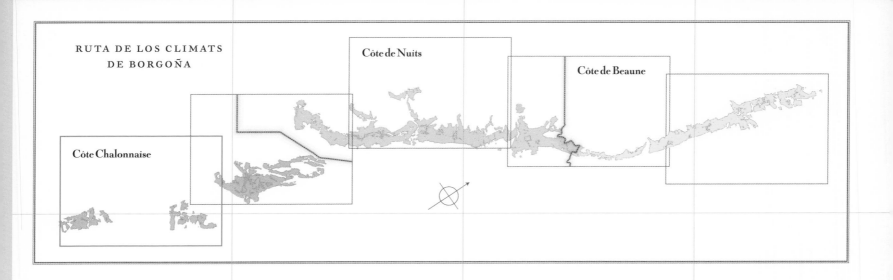

Côte de Nuits

Côte de Beaune

Côte Chalonnaise

Côte Chalonnaise

Variedades

● pinot noir

● chardonnay, aligoté

Hectáreas

2100

Tipos de vino

30%

70%

Climats clasificados Premier Cru

142

Esta zona, eslabón entre el norte y el sur de Borgoña, destaca por su variedad de vinos y paisajes.

Camino del sur, el paisaje cambia: las viñas ya no siguen una ladera escarpada, sino que se extienden por varias colinas salpicadas de campos y bosques. Givry y Mercurey son tierras de pinot noir, mientras que los viñedos de Rully y Montagny están dominados por la chardonnay.

La región, menos afamada que la Côte de Nuits y la Côte de Beaune, ofrece precios más razonables, tanto para los consumidores como para los jóvenes viticultores que pretendan emprender su actividad.

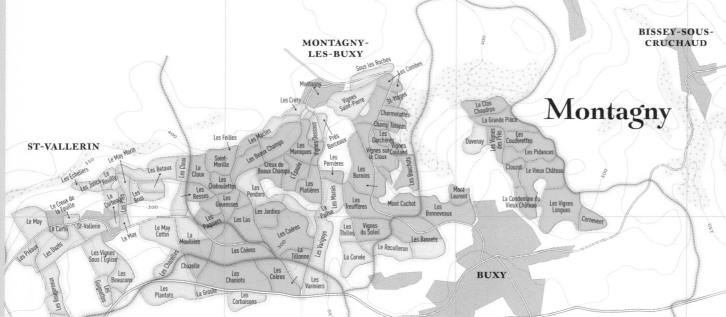

BISSEY-SOUS-CRUCHAUD

MONTAGNY-LES-BUXY

Sous les Roches
Les Combes
Montagny
Les Crets
Vignes Saint-Pierre
St-Morges
Charmelottes
Champ Toiseau
Les Feilles
Les Macies
Les Beaux Champs
Vignes Dessous
Prés Berceaux
Les Gurchères
Vignes sur Le Cloux
Vignes Couland
Saint-Morille
Les Maroques
Creux de Beaux Champs
L'Épaule
Les Perrières
Les Craboulettes
Les Cloux
Les Pendars
Les Platières
Les Burnins
Les Bouchots
Les Resses
Les Gouresses
Les Jardins
Les Marais
Les Treuffères
Mont Cuchot

Le Clos Chaudron
La Grande Pièce
Davenay
Les Vignes des Prés
Les Couderettes
Les Pidances
Clouzot
Le Vieux Château

Montagny

La Condemine du Vieux Château
Les Vignes Longues
Cornevent

ST-VALLERIN

Les Échaliers
Le May Morin
Les Juncs Reuilly
Les Betaux
Le Creux de la Feuille
Les Corbeaux Prés
Les Brus
Le May
Le Curtil
St-Vallerin
Le May Cottin
La Moulière
Les Paquets
Les Las
Les Coères
Les Thilles
Vignes du Soleil
Mont Laurent
Les Bonneveaux
Les Bassets
Le Reculleron
Le May
Les Vignes Sous l'Église
Les Beaucons
Chazelle
Les Chaniots
Les Coères
La Tillonne
Les Vargigny
La Corvée
La Palhie
Les Préaux
Les Doués
Les Guignottes
Les Plantats
La Groule
Les Corbaisons
Les Variniers

BUXY

JULLY-LES-BUXY

LEYENDA DE LOS CLIMATS CÔTE CHALONNAISE

- Primer Cru Montagny
- Montagny
- Primer Cru Givry
- Givry
- Primer Cru Mercurey
- Mercurey
- Primer Cru Rully
- Rully
- Bouzeron

Montagny

CLIMATS PREMIER CRU **49**

La denominación acoge los Premiers Crus más meridionales de la Côte Chalonnaise. Los suelos de marga ofrecen chardonnays de gran tensión y mineralidad que recuerdan a sus vecinos de Pouilly-Fuissé.

308 ha

100%

Givry

CLIMATS PREMIER CRU **38**

Las parcelas orientadas al sur dan vinos soleados y elegantes, con una agradable estructura tánica. Es el viñedo tinto más meridional de Borgoña y, por tanto, el primero en vendimiarse. El climat les Grognots, situado a 410 metros de altitud, es uno de los más altos de Borgoña.

300 ha

20%

80%

Dijon
Auxerre
Beaune
Mâcon

SAINT-JEAN-DE-VAUX

SAINT-DENIS-DE-VAUX

SAINT-MARTIN-SOUS-MONTAIGU

JAMBLES

MEL

Vignes de Château-Beau

La Mourandine
Ez Chên.
Au Retrait
La Pidancerie
La Moillère
La Grelode
Les Erglat
Les Libertin

Les Bouter
En Marin

Les Grognots
Les Fontenottes
La Plèce
Les Vignes Rondes
Les Mureys
La Putin

Les Bonins
Champ Garambey
La Pollée
Chaume-Ronde
La Matrosse
La Plante
Les Galaffres
En Chouè

Meix au Roi
Creusot

En Cras Long
Crémillons
Tambournette

La Grande Berge
En Chaigne
Le Vigron
A Vigne Rouge
Les Bois Gautiers
La Baraude

Givry

Varange

La Ridette
Gauron
Teppe des Chenèves
Veud
Les Comtes

Clos Salomon
Les Bois Chevaux
Grand Maule
Petit Marole
Chanevarie
Celliers aux Moines

Les Plants Sont Fleures
Brusseaux de Citarron
Les Grandes Vignes
Le Paradis
Les Faussillons

La Vernoise
Champ la Dame
La Foudie
Vauvry

Les Grands Prétans
Le Petit Prétan
Servoisine
La Corvée
Le Charle

Virgaudine
La Pierre

Champ Pourot

Mortières

Clos de la Brûlée
La Brulée
Pied de Chaume
Champ Nalot
Le Champ Lalot

Le Clos Jus
Le Clos de la Roche
Les Gorgères

GIVRY

DRACY-LE-FORT

0   0,5   1 km

Mercurey

Con sus treinta y dos climats clasificados Premier Cru, es la denominación más conocida de la Côte Chalonnaise. Se extiende por dos municipios: Mercurey y St-Martin-sous-Montaigu. Estos vinos, considerados durante mucho tiempo demasiado rústicos, se están tomando la revancha gracias a su elegancia y a su potencial de envejecimiento.

690 ha

15%
85%

Rully

Los suelos calizos tienen algunos puntos en común con los de Meursault, lo que explica el predominio de los blancos. La denominación se distingue por una variación de arcilla en los suelos: su ausencia hace que los vinos sean más tensos, mientras que su presencia hace que los vinos sean más grasos. Rully es uno de los principales productores de Crémant de Bourgogne.

347 ha

35%
65%

Santenay

Nos encontramos en pleno sur de la Côte de Beaune, a las puertas de la Côte Chalonnaise. En torno a este balneario, antiguo Santenay-les-Bains, la pinot noir es reina y soberana. Se dice de estos vinos que tienen «el alma del volnay y el cuerpo del pommard».

La diversidad de los suelos, debida a su composición arcillocalcárea con muchas fallas, hace que sus vinos se expresen de otras tantas maneras.

337 ha

6%
94%

Mercurey

ALUZE

Roc Blanc

Le Bois de Lalier
Le Bois Cassin

Les Rochettes
Les Doués
Les Bosebuts

La Chiquette

Les Puillets
Les Chenaults

Les Vaux
Les Saumonts

Fromange

Les Obus
Les Morins

Les Champs Michaux
La Creuse

La Croix Rousse
Clos des Hayes
Pont Latin
Charmerose

Clos du
Ropiton

Vignes de
Château-Beau

Le Châtelet

Les Mussians
Le Puits Bronel
Saznay

Meix Adenot
Le Closeau

Les Croichots
La Caillouta

Les Combins
Les Montelons

La Mouradine
Et Chènes
Sut le Tey

La Mission
Clos Château
de Montaigu

Sarrazine
La Bondue
La Levrière
Mipont
Château

Les Vignes
Blanches
Clos
Tonnerre

Clos des
Barraults

Creu de
Montelons

SAINT-JEAN-
DE-VAUX

Au Retrait
Sous les
Roches
La
Grelude
Les Engrats

La Pidancerie
Les Hôtes
Libertine
Les Vignes
Blanchet

La Magnine
La Ratte
Les Bourguignone

La Pillotte
Les Bacs
Montaigu

Les Velley
Le Meix
Foulot
Les Caudroyes

Les Croix
Touches
Le Meix
La Meix

Les Vignes de
Boudières
Les Vasées

Le Clos
Laurent

Les Champs Martins

La Brigadière

En Pierre Milley

Le Crau
Clos de Paradis
Clos des
Montaigus
Clos des
Montaigus

Les Arotes
Griffieres
Vignes de
Maillonge

Vignes du
Chapitre
Le Clos
la Marche

Clos des
Myglands

En Marian Froid
La Panotte
La Chassière

En Boussoy
Les Perrés
Creux
Le Clos
du Roy

Le Meix
Frappé
Les Byots

Les Naugues
Les Créts

Les Bussières

En Pierre Milley
Clos
Rochette

Les Boulens
Les Chavances

La Mission
Theurot
Les Vignes d'Orge

Clos des
Voyens
Grands
Voyens

Les Fourneaux
Les Suelles

En Grillot
La Plante
Chassey

MERCUREY
Les
Chaumelottes

Le Clos l'Évêque
Les Montrots

Les Berlands-
Framboisière

SAINT-DENIS-
DE-VAUX

Le Saut
Muchiau
Chamirey
Le Meix de
Guingane
Les Caraby

La Garenne
Les Pronges
Clos
Fortoul

Grand Clos
Fortoul

SAINT-MARTIN-
SOUS-MONTAIGU

En Pierrelev
Champ Ladoy

Le Bourg
Bassot
Champ Bron

Les Priats
A la Croix
Jacquelet
Les Plantes

Les Marcoeurs

La Perrière
Champs
Pillot

La Maladière
Le Clos
Rond

La Charmée

Le Crêt
Les Murgers

Étroyes
Les Varennes
Les Noiterons
La Corvée

Le Fourneau
Les Ormeaux

MELLECEY

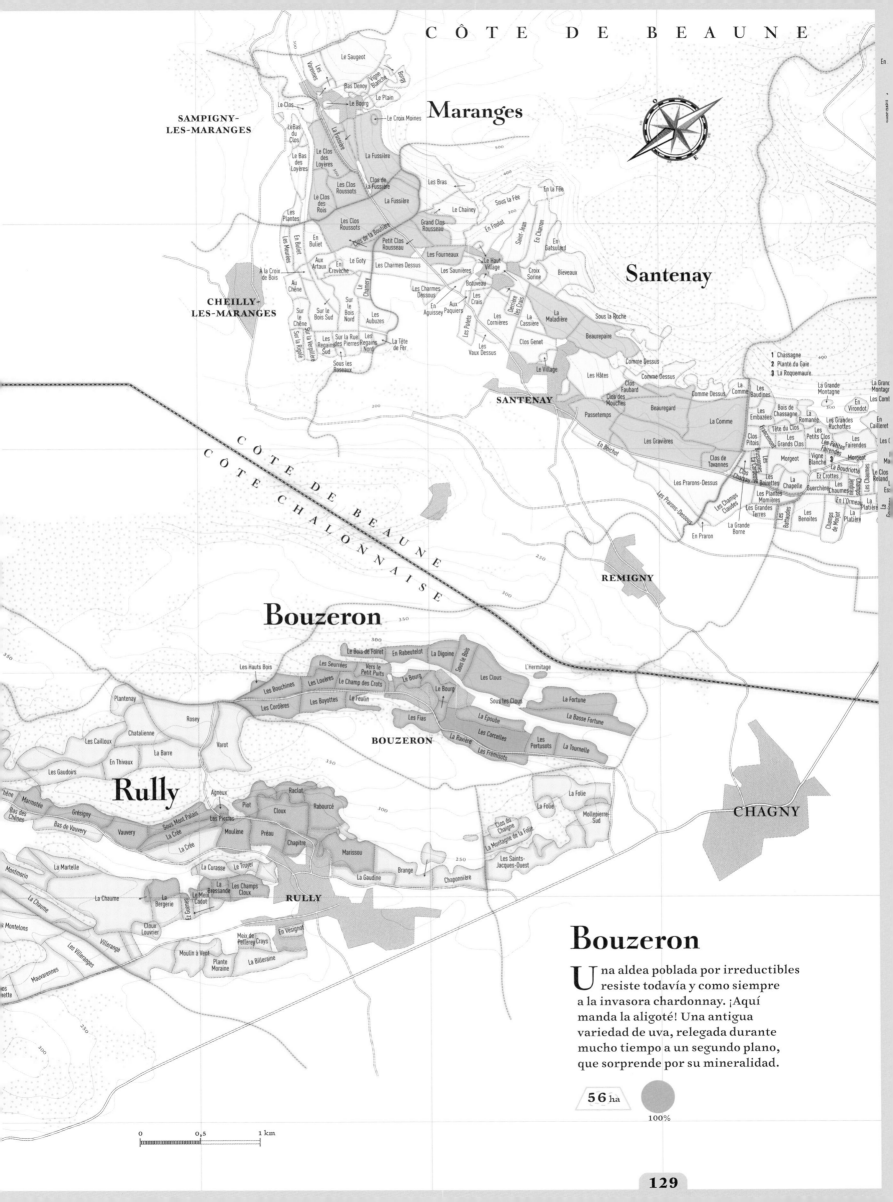

Le Saugeot

Les Varennes

Bas Denoy

Vigne Blanche

Bergy

Le Clos

Le Bourg

Le Plain

SAMPIGNY-
LES-MARANGES

Le Bas
du Clos

Le Croix Moines

La Fussière

Maranges

Le Bas
des Loyères

Le Clos
des Loyères

Clos de
la Fussière

Les Bras

La Fussière

Les Clos
Roussots

Le Clos
des Rois

Les Plantes

En Bullet

Clos de la Boutière

La Fussière

Les Clos
Roussots

Grand Clos
Rousseau

Sous la Fée

En la Fée

En Fouiot

Le Chainey

En Charron

En
Gatsulard

Aux
Artaux

En
Crevêche

Le Goty

Petit Clos
Rousseau

Les Fourneaux

Les Charmes Dessus

Les Saunières

Le Haut
Village

Croix
Sorine

Bieveaux

Santenay

À la Croix
de Bois

Au
Chêne

Le Chainey

Les Charmes
Dessous

Bottiveau

CHEILLY-
LES-MARANGES

Sur le
Chêne

Sur le Bois Nord

Sur le
Bois Sud

En
Aguissey

Aux
Paquiers

Les
Crais

Derrière
les Crais

La
Cassière

La
Maladière

Sous la Roche

Les Aubuzes

Les
Cornières

Beaupaire

Sur la
Verpillère

Les Regains
des Pierres
Sud

Sur la Rue
des Pierres
Nord

La Tête
de Fer

Les Palets

Les
Vaux Dessus

Clos Genet

Le Village

Comme Dessus

Les Hâtes

Comme Dessus

1 Chassagne
2 Planté du Gaie
3 La Roquemaure

Sous les
Roseaux

SANTENAY

Clos
Faubard

Clos des
Mouches

Comme Dessus

La
Comme

Les
Baudines

Bois de
Chassagne

La
Romanée

La Grande
Montagne

La Grande
Montagr

En
Virondot

Les Grandes
Ruchottes

En Caillere

Passetemps

Beauregard

La Comme

Les
Embazées

Tête du Clos

Les
Petits Clos

Les Petites
Fairendes

Les
Fairendes

En Béchot

Les Gravières

Clos
Pitois

Brussonnes
La Cardeuse

Les
Grands Clos

Morgeot

Vigne
Blanche

Ez Crottes

La
Boudriotte

Les
Chaumes

Morgeot

Clos de
Tavannes

Clos
Chapeau

Les
Boirettes

La
Chapelle

Guerchère

Les
Chaumes
Guerchère

En L'Ormeau

Le Clos
Reland

Es

Les Prarons-Dessus

Les Champs
Claudes

Les Plantes
Momières

Les Grandes
Terres

Les
Benoites

Les
Bartaudes

Champs
de Morjot

La
Platière

La
Platière

La
Gommr

REMIGNY

En Praron

La Grande
Borne

CÔTE DE BEAUNE

CÔTE CHALONNAISE

Bouzeron

Le Bois de Foiret

En Rabeutelot

La Digoine

Sous le Bois

L'Hermitage

Les Hauts Bois

Les Seurrées

Vers le
Petit Puits

Le Bourg

Les Clous

Plantenay

Les Bouchines

Les Louères

Le Champ des Crots

Le Bourg

Sous les Clous

La Fortune

Rosey

Les Cordères

Les Boyottes

Le Feulin

Les Fias

La Epoube

La Basse Fortune

Les Cailloux

Chatalienne

La Barre

Varot

BOUZERON

La Ravière

Les Corcelles

Les
Pertusots

La Tournelle

En Thivaux

Les Frémisots

Les Gaudoirs

Rully

Agneux

Raclot

Rabourcé

La Folie

CHAGNY

Marmotée

Grésigny

Piot

Cloux

La Folie

Mollepierre
Sud

Bas des
Chênes

Bas de Vauvery

Sous Mont Palais

Les Pierres

Moulène

Préau

Clos du
Chaigne

La Crée

Vauvery

Chapitre

Marissou

La Montagne de la Folie

La Crée

La Curasse

Le Truyet

Brange

Les Saints-
Jacques-Ouest

Montmorin

La Martelle

La
Bressande

Les Champs
Cloux

La Gaudine

Chaponnière

La Chaume

Le Meix
Cadot

La
Bergerie

Ez Guerres

RULLY

Les Montelons

Cloux
Louvrier

Villerange

En Vésignot

Meix de
Pellerey Crays

Mauvarennes

Moulin à Vent

Plante
Moraine

La Billeraine

Les Villeranges

Bouzeron

Una aldea poblada por irreductibles resiste todavía y como siempre a la invasora chardonnay. ¡Aquí manda la aligoté! Una antigua variedad de uva, relegada durante mucho tiempo a un segundo plano, que sorprende por su mineralidad.

56 ha

100%

0   0,5   1 km

Côte de Beaune

Variedades
- pinot noir
- chardonnay

Hectáreas

5900

Tipos de vino
55%
45%

Climats clasificados Premier Cru
325

Climats clasificados Grand Cru
38

En la prolongación meridional de la Côte de Nuits, entre Ladoix-Serrigny y las laderas de Maragnes, la Côte de Beaune se extiende a lo largo de 20 kilómetros, divididos en cientos de pequeñas parcelas de climats. Duplica en extensión a su vecina y las uvas se vendimian a menudo unos días antes debido al clima ligeramente más suave. Produce vinos tintos y blancos de gran reputación. Alrededor de Beaune, la capital del vino de Borgoña, hay un elenco de municipios que enamorarán a cualquier amante del vino: Aloxe-Corton, Pommard, Meursault, Puligny-Montrachet…

Chassagne-Montrachet

Chassagne-Montrachet comparte con Puligny las laderas del Montrachet. Aquí, dada la complejidad de los terroirs, coexisten parcelas de chardonnay y pinot noir. Entre 220 y 325 metros sobre el nivel del mar, los suelos son calizos y pedregosos, margosos o más arenosos según los climats.

308 ha
30%
70%

Saint-Romain

Saint-Aubin

Auxey-Duresses

Chassagne-Montrachet

Meursault

Puligny-Montrachet

Meursault

A partir de aquí, todo lo que se produzca más al sur será sobre todo vino blanco. Se trata de la parte de la Côte de Beaune que produce los chardonnays más apreciados. Los monjes de Cîteaux trabajaban estas tierras desde el 1098. Las parcelas que producen los Premiers Crus se encuentran en las zonas más bajas de las laderas, sobre caliza de Chassagne o sobre marga del Jurásico Medio, y, en algunos lugares, en afloramientos de grava. Un gran vino es un vino blanco de guarda.

400 ha
3%
97%

Puligny-Montrachet

A quí, el 95 % de los climats están clasificados Premier Cru; no existe un Puligny-Montrachet pequeño… En Chassagne se encuentra la expresión por excelencia de la chardonnay, procedente de viñedos situados de 230 a 320 metros de altitud. Los tintos, muy escasos, también son excelentes.

96 ha
1%
99%

Pommard

C on evocar su nombre, se despertarán las papilas de más de uno. Antaño perteneció a los duques de Borgoña y a los monjes de la abadía de Cîteaux. Pommard, entre Beaune y Volnay, marca el punto en el que la Côte de Beaune se inclina levemente. Las parcelas son tan apreciadas que las 340 hectáreas de viñedo se reparten entre más de 340 viticultores. Lo mejor es dejar estos generosos vinos en la bodega durante una temporada para que puedan expresarse con plenitud.

340 ha
100%

Volnay

E n este pueblecito de doscientas treinta almas acodado en la modesta montaña de Chaignot, los viñedos de Volnay ya existían gracias a los caballeros de la Orden de Malta y a los monjes de las abadías de St-Andoche d'Autun y de Maizières. Las viñas están situadas entre 230 y 280 metros sobre suelos en los que predomina la caliza, el esquisto o la marga. Los vinos son de gran delicadeza.

210 ha
100%

0   0,5   1 km

LEYENDA CÔTE DE BEAUNE

AOC Grand Cru tinto
AOC Primer Cru tinto
AOC Municipal tinto

AOC Grand Cru blanco
AOC Primer Cru blanco
AOC Municipal blanco

AOC Grand Cru tinto y blanco
AOC Primer Cru tinto y blanco

1 Monthélie
2 Le Village
3 Le Château Gaillard
4 Le Meix Garnier
5 Le Meix de Ressie
6 Le Meix Bataille
7 La Cas Rougeot

1 Village
2 Derrière St-Jean
3 En Moigelot

Monthélie

Volnay   Pommard   BEAUNE

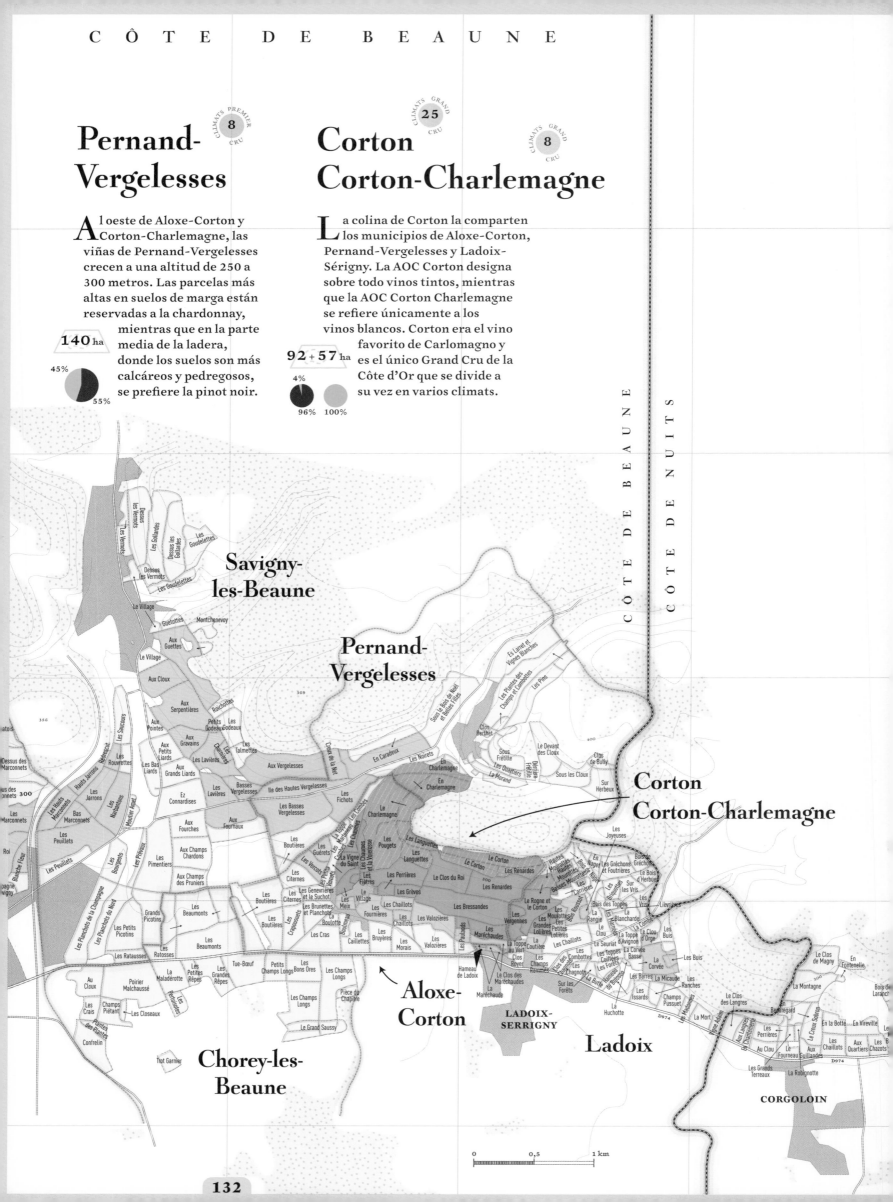

Pernand-Vergelesses

CLIMATS PREMIER **8** CRU

A l oeste de Aloxe-Corton y Corton-Charlemagne, las viñas de Pernand-Vergelesses crecen a una altitud de 250 a 300 metros. Las parcelas más altas en suelos de marga están reservadas a la chardonnay, mientras que en la parte media de la ladera, donde los suelos son más calcáreos y pedregosos, se prefiere la pinot noir.

140 ha

45%
55%

Corton
Corton-Charlemagne

CLIMATS GRAND **25** CRU
CLIMATS GRAND **8** CRU

L a colina de Corton la comparten los municipios de Aloxe-Corton, Pernand-Vergelesses y Ladoix-Sérigny. La AOC Corton designa sobre todo vinos tintos, mientras que la AOC Corton Charlemagne se refiere únicamente a los vinos blancos. Corton era el vino favorito de Carlomagno y es el único Grand Cru de la Côte d'Or que se divide a su vez en varios climats.

92 + 57 ha

4%
96%   100%

CÔTE DE BEAUNE

CÔTE DE NUITS

Savigny-les-Beaune

Pernand-Vergelesses

Corton
Corton-Charlemagne

Aloxe-Corton

LADOIX-SERIGNY

Ladoix

Chorey-les-Beaune

CORGOLOIN

0   0,5   1 km

Côte de Nuits

Este paraíso de la pinot noir es tierra de grandes vinos tintos. Como si fueran obras de arte, las botellas son escasas y el mundo entero las codicia.

Variedades
- pinot noir
- chardonnay

Hectáreas
3100

Tipos de vino
10%

90%

Climats clasificados Premier Cru
135

Climats clasificados Grand Cru
24

El viñedo comienza a las puertas de Dijon, pero es a la altura de Marsannay donde la ladera emerge paulatinamente. Su ligera pendiente permite una mejor exposición de las viñas, orientadas hacia el este para beneficiarse de los primeros rayos de sol. Conocida como «los Campos Elíseos de Borgoña», la Côte de Nuits es una estrecha franja de viñedos que se extiende a lo largo de 20 kilómetros de norte a sur. Es un viñedo estrecho que, de media, apenas tiene 300 metros de ancho. El terroir debe su particularidad a los valles secos, llamados combes, que cortan la zona de este a oeste. Estos valles se formaron por el depósito de aluviones terciarios, compuestos principalmente de grava, y también favorecen la insolación y los flujos de aire fresco.

Los Campos Elíseos de Borgoña

Nuits-Saint-Georges

41 CLIMATS PREMIER CRU

La localidad inspiró el nombre de la Côte de Nuits, pero la Côte de Nuits no le ha otorgado ningún Grand Cru. Sin embargo, la denominación no tiene motivos para avergonzarse de sus cuarenta y un climats clasificados como Premiers Crus. El pueblo divide el viñedo en dos partes: la septentrional, orientada al noreste, y la meridional, orientada al este. Los vinos tintos son generosos y ofrecen un buen equilibrio entre la fuerza de los Gevrey-Chambertin y la delicadeza de los Chambolle-Musigny. Los vinos blancos son poco frecuentes, pero notables, en los Premiers Crus Clos Arlot o Les Perrières.

310 ha
5%
95%

LEYENDA CÔTE DE NUITS

- AOC Grand Cru tinto
- AOC Primer Cru tinto
- AOC Municipal tinto

Nuits-Saint-Georges

Côte de Nuits Villages

NUITS-SAINT-GEORGES

COMBLANCHIEN

PRÉMEAUX

Chambolle-Musigny

Se suele decir que es el vino más «femenino» de la Côte de Nuits, pero parece que esta visión simplista ya no es válida. Por supuesto, los vinos son muy delicados y elegantes, pero no más que sus vecinos. El suelo es principalmente caliza con toques de marga, arena y limo rojo. Como suele ocurrir en la región, los Premiers Crus y Grands Crus se asientan sobre una caliza compleja con una significativa pendiente.

152 ha

100%

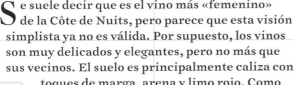

Chambolle-Musigny

Gevrey-Chambertin

Morey-Saint-Denis

Vougeot

Echézeaux

Vosne-Romanée

Vosne-Romanée

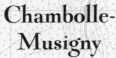

Romanée-Conti, Richebourg, La Tâche… Las joyas de la Côte de Nuits. Los mejores pinot noir del mundo se producen en estas tierras. ¡Ay de quien se atreva a abrir una botella antes de diez años de reposo!

150 ha

100%

Vougeot

Famoso por su Château del Clos de Vougeot, la denominación más pequeña de la Côte de Nuits cuenta con seis climats, cinco de los cuales están clasificados como Premiers Crus y uno como Grand Cru. Sin embargo, no crea que su tamaño reducido facilita la lectura de los terroirs: es un auténtico milhojas de piedra caliza.

16 ha

35%

65%

Morey-Saint-Denis

¿El gran incomprendido de la Côte de Nuits? La denominación ha estado durante mucho tiempo a la sombra de sus famosos vecinos Chambolle-Musigny y Gevrey-Chambertin. No obstante, Morey Saint-Denis alberga cinco Grands Crus. Los vinos son más carnosos en la parte alta de la ladera y más ligeros en la prolongación del barranco al este del municipio. El Clos de Tart es el mayor monopolio* de Borgoña.

*Monopolio: climat cultivado por una sola finca.

130 ha

7%

93%

Gevrey-Chambertin

CLIMATS PREMIER CRU **26** CLIMATS GRAND CRU **9**

Vinos con carácter, aptos para un largo envejecimiento. Si observamos el mapa, veremos una particularidad: es el único viñedo de la Côte de Nuits cuyas denominaciones municipales se extienden al este de la ruta de los vinos (N74). Este fenómeno se debe a la Combe de Lavaux, que extendió el suelo aluvial hacia el este.

632 ha
100%

Fixin

CLIMATS PREMIER CRU **6**

Los Premiers Crus están en las parcelas más altas, a 300 metros de altitud. Vinos intensos merecedores de unos años para permitir que los taninos se suavicen. Junto con Marsannay, es seguramente la mejor relación calidad-precio de la Côte de Nuits. El Clos de la Perrière es el climat más prestigioso de la denominación.

102 ha
5%
95%

Marsannay

Aunque es menos conocida que sus vecinas, esta denominación esconde terroirs fabulosos. Su microclima brinda veranos relativamente calurosos que producen vinos tintos con mucha clase. Es la única AOC de la Côte de Nuits que ofrece tinto, blanco y rosado. Otra originalidad: la pinot noir y la chardonnay van acompañadas de unos toques de gamay y pinot blanc.

242 ha
7%
17%
76%

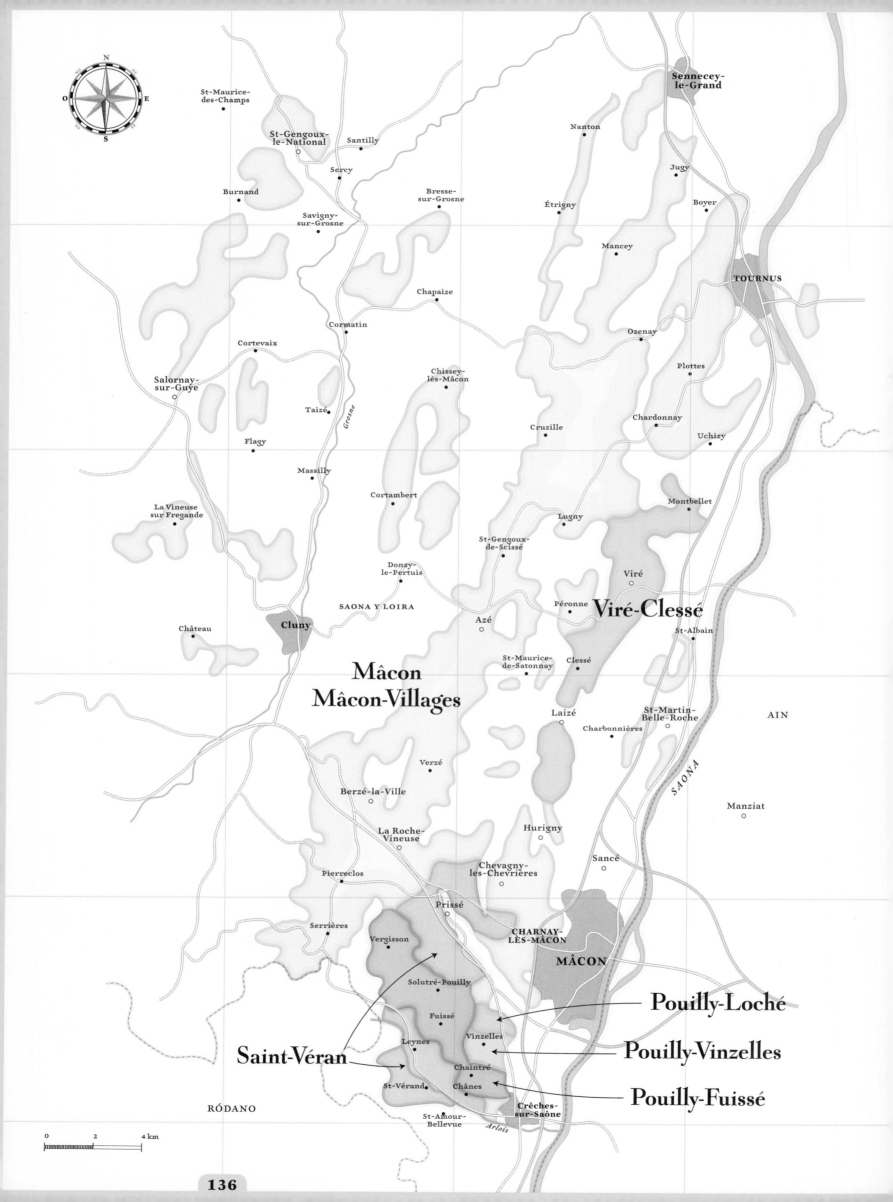

N

O   E

S

St-Maurice-
des-Champs

St-Gengoux-
le-National

Santilly

Sercy

Burnand

Savigny-
sur-Grosne

Bresse-
sur-Grosne

Nanton

Jugy

Boyer

Étrigny

Mancey

Chapaize

Cormatin

Ozenay

TOURNUS

Cortevaix

Salornay-
sur-Guye

Chissey-
lès-Mâcon

Plottes

Taizé

Grosne

Chardonnay

Uchizy

Flagy

Massilly

Cruzille

Cortambert

La Vineuse
sur Fregande

Montbellet

Lugny

St-Gengoux-
de-Scissé

Donzy-
le-Pertuis

Viré

Viré-Clessé

Péronne

Château

SAONA Y LOIRA

Azé

St-Albain

Cluny

St-Maurice-
de-Satonnay

Clessé

**Mâcon
Mâcon-Villages**

Laizé

St-Martin-
Belle-Roche

AIN

Charbonnières

Verzé

SAONA

Berzé-la-Ville

Manziat

La Roche-
Vineuse

Hurigny

Pierreclos

Chevagny-
les-Chevrières

Sancé

Prissé

Serrières

**CHARNAY-
LÈS-MÂCON**

Vergisson

MÂCON

Solutré-Pouilly

Pouilly-Loché

Fuissé

Leynes

Vinzelles

Pouilly-Vinzelles

Saint-Véran

Chaintré

St-Vérand

Chânes

Pouilly-Fuissé

RÓDANO

St-Amour-
Bellevue

Crêches-
sur-Saône

Arlois

0   2   4 km

Mâconnais

Ha llegado la hora de reconocer la región por lo que es.
El Mâconnais es una gran tierra de chardonnay y pronto
se clasificarán veintidós climats como Premier Cru.

Variedades
·
pinot noir, gamay
·
chardonnay

Hectáreas

3200

Tipos de vino

14%

86%

El Mâconnais es el viñedo más meridional de Borgoña, pero también el más extenso. La evolución de la viticultura está estrechamente ligada al desarrollo del clero y se centró en torno a la abadía de Cluny, fundada en el 909. Los monjes crearon sus propios viñedos y, debido a su prosperidad, sirvieron de ejemplo para la creación de la abadía de Cîteaux, entre Beaune y Dijon, en el 1098.

Aunque la denominación regional no cuenta (aún) con un Premier Cru, existen varios niveles de calidad creciente: Mâcon (blanco, tinto y rosado), Mâcon-Villages (blanco) y Mâcon seguido de una de las veintisiete denominaciones de origen específicas de blanco, tinto y rosado (ver lista de la derecha). Las denominaciones de mayor calidad del Mâconnais se encuentran todas en el sur, con cinco denominaciones municipales que producen exclusivamente vinos blancos de chardonnay: Pouilly-Vinzelles (61 ha), Pouilly-Fuissé (760 ha), Pouilly-Loché (34 ha), Saint-Véran (743 ha) y Viré-Clessé (437 ha).

La más prestigiosa es Pouilly-Fuissé, que goza de varios terroirs excepcionales, desde arcillocalcáreos a graníticos y volcánicos, que pueden producir vinos de una asombrosa variedad. Los vinos de esta denominación son de gran delicadeza y suelen tener un color claro, con matices dorados ligeramente verdosos. Son minerales y destacan notas de sílex, almendra, pomelo, limón, melocotón, tilo y brioche.

Pouilly-Fuissé dota de prestigio al Mâconnais

DENOMINACIONES
ESPECÍFICAS
DEL MÂCONNAIS

● ● ● *Azé*
● ● ● *Bray*
● ● ● *Burgy*
● ● ● *Bussières*
● ● ● *Chaintré*
● ● ● *Chardonnay*
● ● ● *Charnay-Lès-Mâcon*
● ● ● *Cruzille*
● ● ● *Davayé*
● *Fuissé*
● ● ● *Igé*
● *Loché*
● ● ● *Lugny*
● ● ● *Mancey*
● ● ● *Milly-Lamartine*
● *Montbellet*
● ● ● *Péronne*
● ● ● *Pierreclos*
● ● ● *Prissé*
● ● ● *La Roche-Vineuse*
● ● *Serrières*
● *Solutré-Pouilly*
● ● ● *Saint-Gengoux-le-National*
● *Uchizy*
● *Vergisson*
● ● ● *Verzé*
● *Vinzelles*

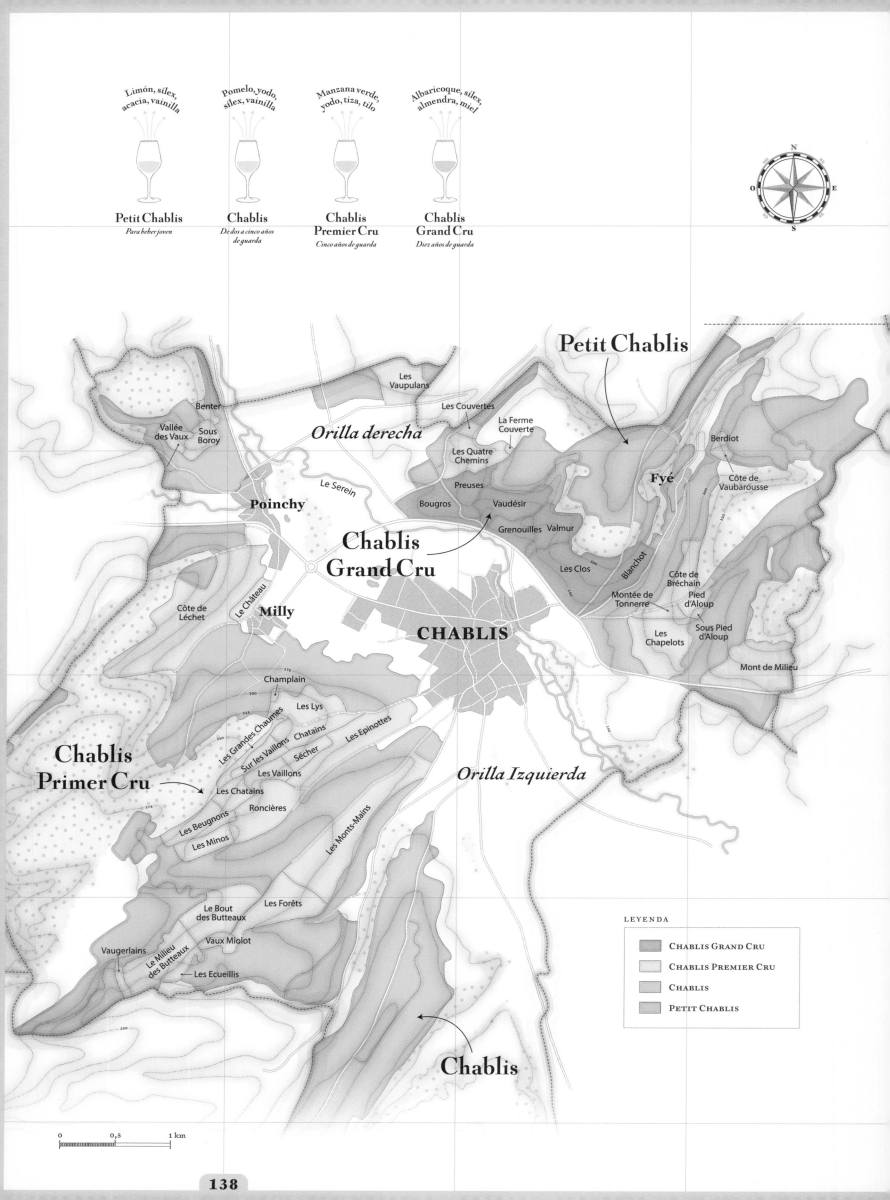

Limón, sílex,
acacia, vainilla

Petit Chablis
Para beber joven

Pomelo, yodo,
sílex, vainilla

Chablis
*De dos a cinco años
de guarda*

Manzana verde,
yodo, tiza, tilo

**Chablis
Premier Cru**
Cinco años de guarda

Albaricoque, sílex,
almendra, miel

**Chablis
Grand Cru**
Diez años de guarda

N
NO · NE
O · E
SO · SE
S

Les Vaupulans

Benter

Les Couvertes

Petit Chablis

La Ferme
Couverte

Berdiot

Orilla derecha

Vallée
des Vaux

Sous
Boroy

Les Quatre
Chemins

Fyé

Côte de
Vaubarousse

Le Serein

Preuses

Poinchy

Bougros

Vaudésir

Grenouilles

Valmur

**Chablis
Grand Cru**

Les Clos

Blanchot

Côte de
Bréchain

Le Château

Côte de
Léchet

Milly

Montée de
Tonnerre

Pied
d'Aloup

Sous Pied
d'Aloup

CHABLIS

Les
Chapelots

Mont de Milieu

Champlain

Les Lys

Les Grandes Chaumes

Chatains

Les Epinottes

Sur les Vaillons

Sécher

**Chablis
Primer Cru**

Les Vaillons

Orilla Izquierda

Les Chatains

Roncières

Les Beugnons

Les Minos

Les Monts-Mains

Le Bout
des Butteaux

Les Forêts

Vaux Miolot

Vaugerlains

Le Milieu
des Butteaux

Les Ecueillis

Chablis

LEYENDA

CHABLIS GRAND CRU

CHABLIS PREMIER CRU

CHABLIS

PETIT CHABLIS

0   0,5   1 km

Chablis

Como señaló con acierto la escritora británica Rosemary George, «todos los chablis son chardonnay, pero no todos los chardonnay son chablis».

Variedades
chardonnay

Hectáreas

5700

Tipo de vino

100 %

Suelo
margacalizo con abundancia de fósiles de ostra

Climats clasificados Premier Cru

40

Climats clasificados Grand Cru

7

Una variedad: chardonnay; cuatro denominaciones: Petit Chablis, Chablis, Chablis Premier Cru y Chablis Grand Cru; y un nombre que entusiasma a los aficionados de todo el mundo. Los vinos de Chablis poseen atributos excepcionales y se distinguen por una gama de una gran riqueza asentada en su pureza, frescura, delicadeza y mineralidad.

Este equilibrio se perfila en las onduladas laderas del norte de Borgoña, entre Beaune y París, no lejos de la región de Champaña. La proximidad de la capital ayudó a Chablis a forjar su reputación. Los vinos se cargaban en el puerto de Auxerre y se transportaban por el Yonne hasta las puertas de la región de Isla de Francia.

Los pueblecitos con encanto de la denominación están situados a ambos lados de un riachuelo, el Serein. El de Chablis es el viñedo más fresco de Borgoña; esto, unido a la complejidad de los suelos, confiere un carácter único a la chardonnay, pero hace que el riesgo de heladas primaverales sea mayor. El mapa de la denominación recuerda a un abeto: el río a modo de tronco, los valles que se recortan en las laderas forman las ramas y los viñedos son las hojas.

Un ejemplo de la extrema variedad del paisaje: tan solo la denominación Chablis Premier Cru incluye cuarenta climats*. Las parcelas clasificadas como Grand Cru se concentran en la misma colina orientada al sur; son una verdadera atracción, pero solo abarcan 100 hectáreas. El Chablis y el Petit Chablis no tienen nada de ordinario: no es raro que un Chablis elaborado a partir de viñas antiguas sea mejor que un Premier Cru bebido demasiado joven. Al estar alejada del centro de Borgoña, la región ha conseguido mantener cierta discreción mediática; algo que no disgusta al amante del vino, ya que los vinos de chardonnay de Chablis sufren menos la especulación que los de la Côte de Beaune.

> *Los vinos de Chablis poseen atributos excepcionales*

*Climats: catalogados como patrimonio de la Unesco desde julio de 2015, son parcelas de viñedos que, por sus características físicas, geológicas y climáticas, presentan un interés particular para el cultivo de la vid.

Una particularidad de Chablis: los cuarenta climats clasificados como Premier Cru incluyen diecisiete climats principales, también llamados porte-drapeau (abanderado). Los vinos producidos en los climats vecinos pueden llevar el nombre del climat del que proceden o bien adoptar el nombre del climat porte-drapeau al que están adscritos.

1 %
Chablis Grand Cru

14 %
Chablis Premier Cru

19 %
Petit Chablis

66 %
Chablis

REPARTO DE LOS VINOS DE CHABLIS POR AOC

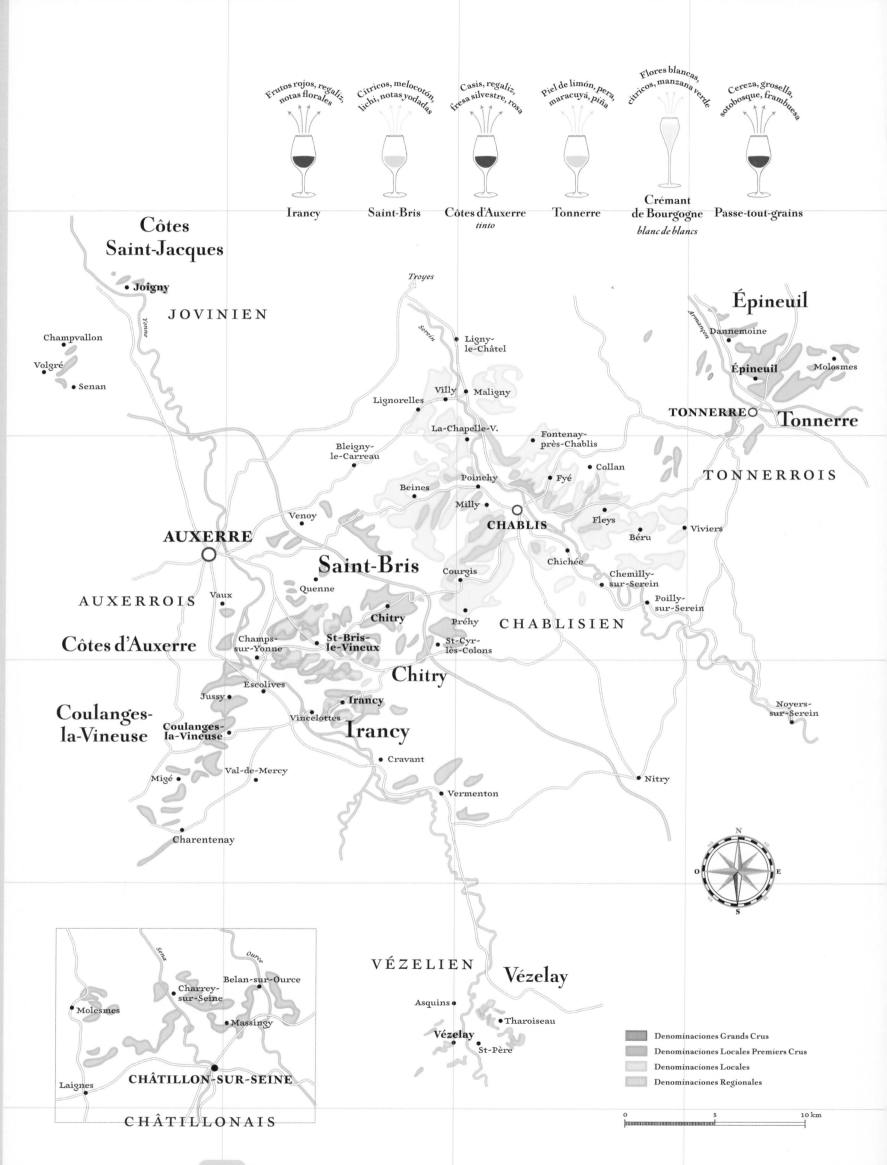

Frutos rojos, regaliz, notas florales

Cítricos, melocotón, lichi, notas yodadas

Casis, regaliz, fresa silvestre, rosa

Piel de limón, pera, maracuyá, piña

Flores blancas, cítricos, manzana verde

Cereza, grosella, sotobosque, frambuesa

Irancy

Saint-Bris

Côtes d'Auxerre
tinto

Tonnerre

Crémant de Bourgogne
blanc de blancs

Passe-tout-grains

Côtes Saint-Jacques

Troyes

Joigny

JOVINIEN

Champvallon

Volgré

Senan

Yonne

Serein

Ligny-le-Châtel

Villy

Maligny

Lignorelles

La-Chapelle-V.

Bleigny-le-Carreau

Fontenay-près-Chablis

Épineuil

Armançon

Dannemoine

Épineuil

Molosmes

TONNERRE

Tonnerre

Poinchy

Fyé

Collan

TONNERROIS

Beines

Milly

CHABLIS

Fleys

Viviers

Béru

Venoy

AUXERRE

Chichée

Chemilly-sur-Serein

Saint-Bris

Courgis

Poilly-sur-Serein

AUXERROIS

Vaux

Quenne

Chitry

Préhy

CHABLISIEN

Côtes d'Auxerre

Champs-sur-Yonne

St-Bris-le-Vineux

St-Cyr-les-Colons

Chitry

Escolives

Coulanges-la-Vineuse

Jussy

Irancy

Noyers-sur-Serein

Vincelottes

Irancy

Coulanges-la-Vineuse

Migé

Val-de-Mercy

Cravant

Nitry

Charentenay

Vermenton

N

O   E

S

VÉZELIEN

Vézelay

Asquins

Tharoiseau

Vézelay

St-Père

Inset map

Seine

Ource

Belan-sur-Ource

Charrey-sur-Seine

Molesmes

Massingy

CHÂTILLON-SUR-SEINE

Laignes

CHÂTILLONAIS

Denominaciones Grands Crus
Denominaciones Locales Premiers Crus
Denominaciones Locales
Denominaciones Regionales

0   5   10 km

Grand Auxerrois
y Châtillonnais

Alrededor de la zona de Chablis, este viñedo presenta un rosario de denominaciones en el departamento de Yonne. En la actualidad, apenas es conocido, pero llegó a abarcar 40 000 hectáreas antes de la crisis de la filoxera.

Variedades

• pinot noir, gamay

• chardonnay, aligoté, sauvignon blanc

Hectáreas

1963

Tipos de vino

2%
19%
55%
24%

Suelo
arcillocalcáreo

Irancy

Aquí se cultiva principalmente la pinot noir, a veces en combinación con la césar, que es bastante austera en su juventud, lo que confiere a los vinos una gran longevidad. De origen romano, como su nombre indica, la variedad no se encuentra en esta denominación. Son vinos robustos que saben conservar su encanto. Junto con el Saint-Bris, es el único vino de denominación municipal del Grand Auxerrois (si excluimos el de Chablis).

180 ha

100%

Saint-Bris

La otra denominación municipal del Grand Auxerrois es una excepción: es la única en Borgoña que ofrece un vino blanco elaborado con sauvignon (blanco y gris). Un vino original frente al aplastante dominio de la chardonnay en la región. ¡Un blanco seco ligero y fresco por descubrir!

160 ha

100%

Côtes d'Auxerre

El viñedo se encuentra al sur de Auxerre, principalmente en la orilla derecha del Yonne. El fácil acceso al río lo convirtió en un importante proveedor de vino de la capital antes de la llegada del ferrocarril, pues los viñedos ocupaban más de 1800 hectáreas. Los tintos, a base de pinot noir, son frescos y destacan por su fruta roja, mientras que los blancos, hechos a base de chardonnay, dan vinos francos con notas yodadas.

240 ha

37%
63%

Tonnerre

57 ha

Las vides crecen en las laderas que bordean el Armançon, afluente del Yonne. Aquí se elaboran exclusivamente vinos blancos de chardonnay que pueden conservarse hasta cinco años en bodega.

100%

Châtillonais

Este pequeño viñedo está alejado del resto de Borgoña y se encuentra a las puertas de Champaña. No sorprende que esta región sea una tierra idónea para el crémant; se encuentran todas las variedades históricas de la región: chardonnay, pinot noir, aligoté y gamay.

250 ha

15%
85%

Passe-tout-grains

Está autorizado en toda Borgoña, pero su producción se centra en la región de Auxerrois. Este curioso nombre procede de un coupage único en Borgoña: gamay y pinot noir. Este vino, más exclusivo hoy en día, desempeñaba un destacado papel en el consumo diario local. Poco tánico, es redondo, afrutado y muy goloso.

600 ha

100%

SUDOESTE

encrucijada de culturas

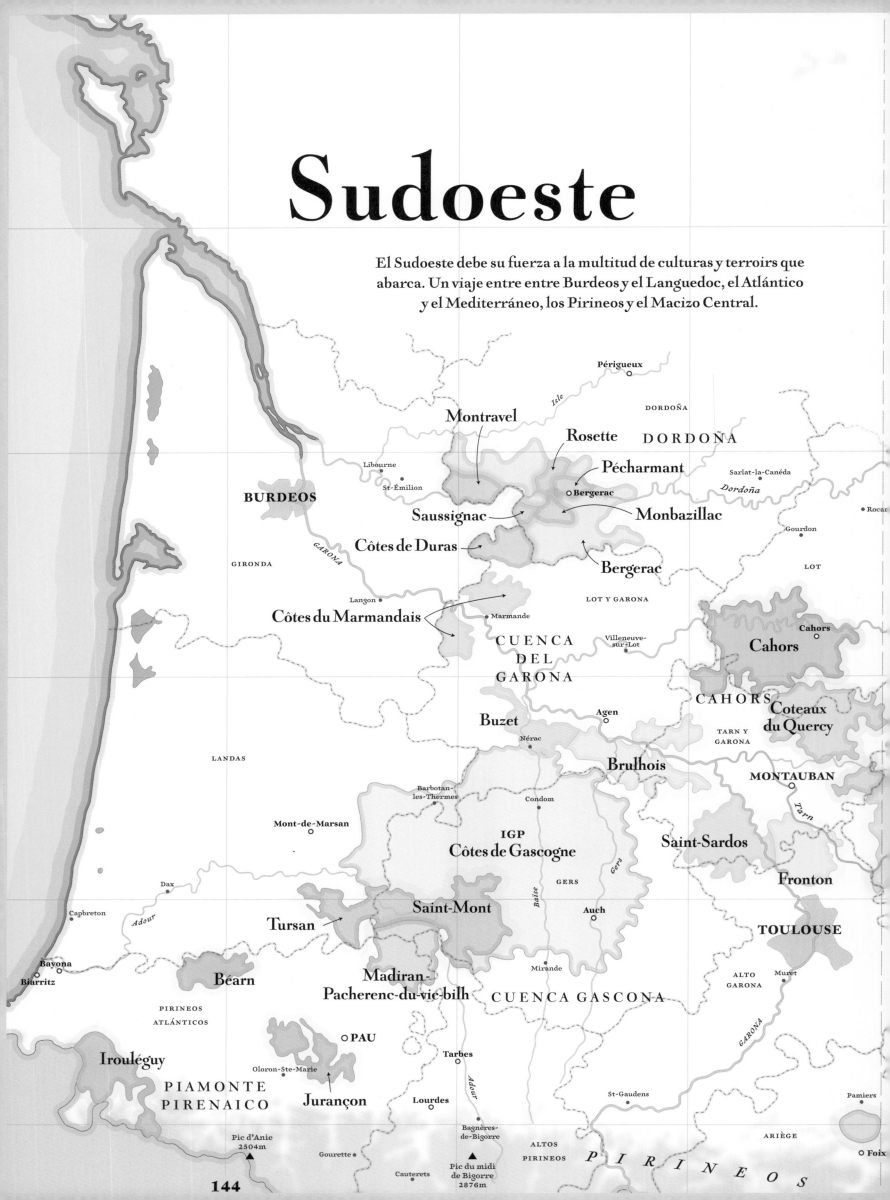

Sudoeste

El Sudoeste debe su fuerza a la multitud de culturas y terroirs que abarca. Un viaje entre entre Burdeos y el Languedoc, el Atlántico y el Mediterráneo, los Pirineos y el Macizo Central.

Périgueux

Isle

DORDOÑA

Montravel

Rosette

DORDOÑA

Libourne

St-Émilion

Pécharmant

Sarlat-la-Canéda

Dordoña

BURDEOS

Bergerac

Saussignac

Monbazillac

Rocar

Côtes de Duras

Gourdon

GARONA

Bergerac

LOT

GIRONDA

Langon

LOT Y GARONA

Côtes du Marmandais

Marmande

Villeneuve-sur-Lot

Cahors

CUENCA DEL GARONA

Cahors

CAHORS

Coteaux du Quercy

Buzet

Agen

Brulhois

TARN Y GARONA

LANDAS

Nérac

MONTAUBAN

Barbotan-les-Thermes

Condom

Tarn

Saint-Sardos

Mont-de-Marsan

IGP Côtes de Gascogne

Fronton

Gers

GERS

TOULOUSE

Dax

Capbreton

Adour

Saint-Mont

Auch

Tursan

Bayona

Madiran-Pacherenc-du-vic-bilh

Mirande

CUENCA GASCONA

ALTO GARONA

Muret

Biarritz

Béarn

PIRINEOS ATLÁNTICOS

PAU

GARONA

Irouléguy

Oloron-Ste-Marie

Tarbes

PIAMONTE PIRENAICO

Jurançon

Adour

St-Gaudens

Pamiers

Lourdes

Pic d'Anie 2504m

Bagnères-de-Bigorre

ALTOS PIRINEOS

ARIÈGE

Gourette

Pic du midi de Bigorre 2876m

PIRINEOS

Foix

Cauterets

Variedades

cabernet franc,
cabernet sauvignon,
malbec, tannat, fer

colombard,
gros manseng,
courbu blanc

Hectáreas

53 000

Tipos de vino

10 %
20 %
70 %

Suelos

arcillocalcáreo,
boulbène, arenisca
calcárea, guijarros,
arena

Climas

continental,
oceánico,
mediterráneo

La historia de los vinos del sudoeste comienza en el periodo galorromano, cuando los romanos convirtieron Gaillac en uno de los puestos avanzados de su nuevo territorio. El vino se elaboraba en la región antes que en Burdeos y, en la Edad Media, la mayoría de las barricas de vino cargadas en los barcos con destino a Inglaterra desde el puerto de la Gironda procedían del área interior: Bergerac, Cahors, Agen, Gaillac…

Posee un territorio inmenso, que se extiende desde el Piamonte pirenaico hasta el Aveyron y que abarca diez departamentos.

Si la historia ha llevado a las denominaciones del Sudoeste a unirse, resulta harto difícil describir la región en su conjunto. Ofrece multitud de paisajes y culturas: Perigord, Vascongadas, Bearn, Cadurcia, Occitania…

El Sudoeste vive desde hace diez años un renacimiento

El viñedo, con cerca de 53 000 hectáreas, alberga un gran abanico de variedades en suelos de lo más variopintos, a veces influidos por el océano Atlántico, otras por el Mediterráneo, aquí por el Garona o el Adour, allá por los Pirineos o el Macizo Central, todos ellos calcáreos, arcillosos, arenosos o limosos. La región del Sudoeste tiene una gran baza que ofrecer a los amantes del vino con una curiosidad desbordante: ¡su infinita variedad!

Por las mismas razones, sería arriesgado declarar una única variedad como la representante de la región. Si hacia Bergerac y alrededor del Garona, por ejemplo, encontramos a menudo las variedades de uva tradicionales de Burdeos, descubrimos nombres más atractivos a medida que nos adentramos en el interior: tannat o abouriou para los tintos, manseng u ondenc para los blancos, por citar solo algunas. Gracias a esta diversidad y a un entorno natural y cultural de excepción, el Sudoeste es un viñedo ideal para el enoturismo. Por último, debido a su baja densidad, el marco es favorable a acoger una nueva generación de viticultores, ya que fomentan nuevas prácticas, entre la modernidad y el dinamismo. El Sudoeste vive desde hace diez años un renacimiento, siguiendo la estela del Languedoc.

VARIEDADES

Casis, cedro, pimiento verde, regaliz, menta.

MALBEC

Hija de Cahors, es más conocida en el mundo del vino por su fama en Argentina, donde se planta diez veces más que en todo el Sudoeste. Es una variedad temprana que suele mezclarse con otras variedades.

Cereza, casis, regaliz, cuero, pan tostado

CABERNET SAUVIGNON

Su presencia en los viñedos está ligada a la época en que los vinos del Sudoeste querían parecerse a los de Burdeos, pero esta época ya pasó y los viticultores prefieren concentrarse en variedades menos conocidas y más locales para afirmar su identidad.

Cereza, casis, regaliz, cuero, pan tostado

TANNAT

Oriunda de la región, es un torbellino que hay que dominar, por caprichosa y muy tánica. Se trata de una variedad que produce vinos con cuerpo y color profundo. Reina de Madiran, en los últimos años se ha vuelto más afrutada y menos austera.

Ciruela, café, mora, fresa, violeta

MERLOT

La variedad más plantada en Francia no podía faltar en el Sudoeste. Se encuentra principalmente en la Dordoña, cerca de Burdeos, donde se mezcla con cabernet franc y cabernet sauvignon.

Frambuesa, pimienta, violeta, pimiento verde, ciruela

CABERNET FRANC

Esta variedad, auténtica estrella de los vinos del Loira, es de origen pirenaico. Como en Burdeos, interviene en los coupages para aportar fruta y acidez. Se expresa muy bien en determinados terroirs de las Côtes de Duras.

Violeta, regaliz, cacao, fresa

FER SERVADOU

Sus aromas de casis le dan un aire de cabernet sauvignon. Rara vez se vinifica sola; se encuentra, sobre todo en coupages, en los viñedos de Madiran y de Gaillac.

Fresa, sotobosque, casis, cereza

NÉGRETTE

Esta variedad autóctona es la reina de los vinos de Fronton. La négrette existe tanto en tinto como en rosado.

DURAS

Natural de Gaillac, su nombre no tiene ninguna relación con los Côtes de Duras. Es una variedad muy antigua del Tarn que da vinos alcohólicos, pero con taninos sutiles. Suele combinarse con braucol.

Cereza negra, pimienta blanca, grosella, casis

ABOURIOU

Esta variedad, originaria de la región de Marmandais, también se utiliza en el País Vasco. Tras varios años en segundo plano, se ha convertido en la protagonista de los vinos de Irouléguy.

Casis, regaliz, pimienta, cedro

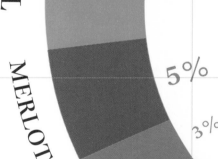

MALBEC

CABERNET SAUVIGNON

TANNAT

MERLOT

CABERNET FRANC

FER SERVADOU

NÉGRETTE

DURAS

ABOURIOU

OTRAS TINTAS

10%

9%

8%

5%

3%

3%

3%

2%

1%

7%

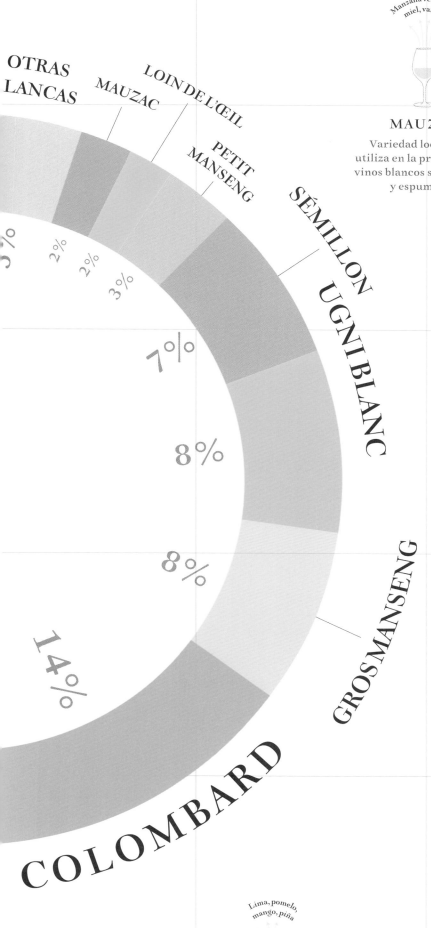

OTRAS
LANCAS

MAUZAC

LOIN DE L'ŒIL

PETIT
MANSENG

SÉMILLON

UGNI BLANC

GROS MANSENG

COLOMBARD

3%

2%

2%

3%

7%

8%

8%

14%

Manzana verde, pera, miel, vainilla

MAUZAC

Variedad local que se utiliza en la producción de vinos blancos secos, dulces y espumosos.

Manzana verde, pera, acacia, jazmín

LOIN DE L'ŒIL
(o Len de L'El)

En el Sudoeste, el nombre de las variedades es muy revelador: la tannat es tánica, la duras tiene madera dura y loin de l'œil produce racimos que crecen alejados de la yema (el ojo).

Piña, canela, melocotón, miel

PETIT MANSENG

Su bajo rendimiento obliga a los viticultores a cosecharla en noviembre para disponer de granos ricos en azúcar. Esta variedad destaca en la mezcla de vinos dulces en Jurançon.

Violeta, acacia, naranja, plátano

UGNI BLANC

Dedicada antiguamente a la producción de Armagnac, desde hace diez años se ha reinventado como vino blanco seco bajo la mayor denominación del Sudoeste: Côtes de Gascogne.

Limón, albaricoque, higo, miel, nuez

SÉMILLON

En Burdeos es la reina de Sauternes, pero en el Sudoeste reina en Monbazillac, donde produce los mejores vinos blancos licorosos de la Dordoña.

Mango, trufa blanca, membrillo, albaricoque

GROS MANSENG

Al igual que la petit manseng, de la que es su hermana mayor, esta variedad se utiliza en el coupage de vinos dulces. Actualmente se cultiva desde la Dordoña hasta los Pirineos.

Lima, pomelo, mango, piña

COLOMBARD

Procedente de un cruce entre chenin y gouais, se trata de una variedad muy aromática que se utiliza en la producción de coñac. Como vino blanco seco, se ha convertido en el emblema de las Côtes de Gascogne.

Dordoña

(mapa)
Villefranche-de-Lonchat
St-Martin-de-Gurson
Montpeyroux
St-Vivien
St-Émilion
Montravel
Castillon-la-Bataille
Vélines
Gensac
GIRONDA
Monségur

Montravel

E l hijo más famoso de Montravel es, sin duda, Michel de Montaigne. ¿Y el segundo? Su vino blanco , que tiene una tipicidad única, dado que las viñas están plantadas en las colinas que dominan un centenar de metros el valle del Dordoña y que gozan de los mismos suelos que el Entre-Deux-Mers.

170 ha
15%
35%
50%

Saussignac

U na quincena de viticultores se reparten este pequeño viñedo de apenas 50 hectáreas para producir vinos blancos dulces. Los vinos licorosos tienen una mayor concentración de azúcar que los vinos dulces. La AOC Saussignac es muy joven, ya que data de 2013.

50 ha
100%

Rosette

N o deje que el nombre le engañe: este blanco dulce es más apropiado para acompañar mariscos que para una tabla de embutidos. Junto con Pécharmant, es la única AOC de la región que no debe su nombre a un municipio. Son vinos dulces menos exuberantes que los de Monbazillac.

125 ha
100%

Côtes de Duras

E sta es la historia del hermano pequeño que quiere hablar; no es fácil con un hermano mayor tan ruidoso como Burdeos. Las mismas variedades de uva, los mismos coupages (merlot + cabernet sauvignon para los tintos; sauvignon + sémillon para los blancos), pero Duras apuesta por formar su propia familia. La buena noticia es que la cabernet franc se está mostrando prometedora en ciertos terroirs. Una buena forma de salir de las sombras y afirmar una identidad local.

2000 ha
11% 4%
32% 53%

Pécharmant

E l Saint-Émilion del Bergeracois es la joya de la región. El viñedo se extiende por las laderas hasta las puertas de Bergerac; su nombre significa «colina con encanto» en occitano. Las vides disfrutan de un suelo único: la arena y la grava del Périgord. Se trata de vinos tintos intensos que, madurados en barrica, ofrecen un buen potencial de envejecimiento.

400 ha
100%

Bergerac

L as dificultades estimulan la creatividad. Bergerac ha permanecido durante mucho tiempo sofocada por Burdeos, que controlaba la Dordoña y, por tanto, las ventas de vino. Al liberarse de estas ataduras, la nueva generación perfila su visión de Bergerac. La línea es fina y los vinos, coloridos. La AOC Côte-de-Bergerac tinto goza de una excelente relación calidad-precio.

7000 ha
10%
15%
20% 55%

Monbazillac

P or su tamaño, es el mayor viñedo de vinos licorosos del mundo. Como en Sauternes, los viticultores mantienen las uvas intactas hasta octubre para que les afecte la gracia de los vinos licorosos: la podredumbre noble. Vinos ricos con una nariz de miel en su juventud que evolucionan hacia notas de almendra y avellana al cabo de diez años.

2300 ha
100%

Isle

Mussidan

MONTPON-
MÉNESTÉROL

A89

DORDOÑA

Montagnac-
de-Crèmps

St-Rémy

Bosset

Maurens

Campsegret

Fraisse

St-Méard-
de-Gurçon

Lunas

Queyssac

Rosette

Lembras

Pécharmant

Le Fleix

Fougueyrolles

La Force

Creysse

Porte-Ste-Foix-
et-Ponchapt

St-Pierre-
d'Eyraud

Prigonrieux

BERGERAC

Lalinde

Ste-Foix-
la-Grande

Gardonne

Lamonzie-
St-Martin

Cours-de-Pile

DORDOÑA

St-Laurent-
des-Vignes

Saussignac

Monbazillac

Faux

Saussignac

Cunèges

Pomport

Monbazillac

Beaumontois
en Périgord

Sigoulès

Thénac

Singleyrac

Loubès-Bernac

Ste-Innocence

Sadillac

Issigeac

St-Sernin

Côtes de Duras

Bergerac

Duras

Eymet

Castillonès

La Sauvetat-
du-Drop

Drop

LOT Y GARONA

Miramont-
de-Guyenne

Cereza, casis,
regaliz, vainilla

Naranja, acacia,
melocotón, melón

Albaricoque, miel,
almendra, avellana

Membrillo, melocotón,
albaricoque, miel

Casis, sotobosque,
mora, ciruela pasa

Melocotón, manzana,
rosa, acacia

Manzana, piña,
almendra, menta

Mora, ciruela,
cedro, cacao

Bergerac

Monbazillac
joven

Monbazillac
envejecido

Saussignac

Pécharmant

Rosette

Montravel
blanco

Côte de Duras
tinto

Côtes du Marmandais

Los viñedos se extienden a ambas orillas del Garona, a las puertas de la Gironda. Aquí se utilizan variedades comunes en la región de Burdeos: cabernet franc, cabernet sauvignon y merlot. La particularidad local: se impone la inclusión de una variedad complementaria, la abouriou, una variedad autóctona que suele desempeñar este papel y que aporta notas de casis, grosella, menta y vainilla.

1400 ha

6% 4% 90%

Buzet

2000 ha

22% 3% 75%

Si seguimos el curso del Garona llegamos al viñedo de Buzet, que hasta 1911 dependía del de Burdeos; actualmente se caracteriza por el uso de variedades más locales, como la abouriou y la petit y gros manseng, autorizadas desde 2011.

Brulhois

160 ha

15% 45% 40%

En este pequeño viñedo al sur de Agen se producen tintos y rosados. Debido al uso extensivo de la variedad tannat, el vino producido recibe el apodo de *vin noir* (vino negro) por su denso color.

Saint-Sardos

95 ha

24% 76%

Este pequeño viñedo obtuvo la AOC en 2011. Sin embargo, su historia se remonta al siglo XII, cuando lo plantaron los seminaristas de la abadía cisterciense de Bouillac. Es la única AOC de Francia en la que se puede degustar un coupage de tannat y syrah.

Fronton

La denominación está frente a Saint-Sardos, en la otra orilla del Garona. Cierra el pelotón de los viñedos a orillas de este gran río, pero también es la puerta de entrada a Toulouse y el Pays d'Oc. Su particularidad es que aquí se utiliza al menos un 50 % de négrette en la composición del vino, una variedad que se menosprecia en otros lugares. Los vinos tienen notas de mora, frambuesa, violeta, pimienta y regaliz.

1700 ha

33% 67%

Cuenca del Garona

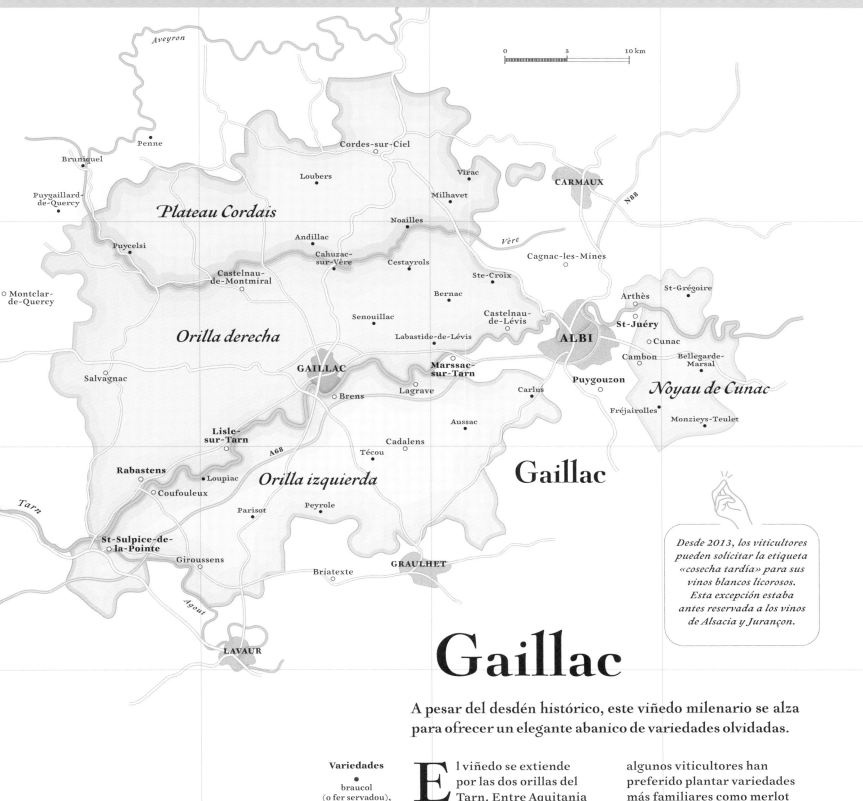

Gaillac

A pesar del desdén histórico, este viñedo milenario se alza para ofrecer un elegante abanico de variedades olvidadas.

Variedades

- braucol (o fer servadou), duras, prunelard, syrah, gamay
- loin de l'œil, mauzac, ondenc, muscadelle

Hectáreas

3150

Tipos de vino

16 %
24 %
60 %

Suelos

arcillocalcáreo (orilla derecha)
arena, guijarros y grava (orilla izquierda)
calcáreo y grava (meseta de Cordais)

El viñedo se extiende por las dos orillas del Tarn. Entre Aquitania y Languedoc, la región se beneficia de la humedad del océano Atlántico y de una generosa insolación. Braucol, loin de l'œil, prunelard…,

Algunos irreductibles han luchado por la conservación de las variedades autóctonas

no son las variedades más conocidas de Francia, pero encarnan el alma de los vinos de Gaillac. Una ola de heladas y la crisis de la filoxera las había borrado del mapa. Para seducir a los consumidores, algunos viticultores han preferido plantar variedades más familiares como merlot o syrah. Pero al vino no le gusta que lo aparten de sus raíces. Algunos irreductibles han luchado por la conservación de las variedades autóctonas y la nueva generación está decidida a enarbolar esa bandera.

La ventaja de las variedades olvidadas es que se parte de cero, como en un país nuevo. Al igual que en el Sudoeste, los vinos de Gaillac son francos y generosos. Están hechos para abrirlos en torno a una buena mesa. Y si en el centro hay un guiso albigense, miel sobre hojuelas.

Desde 2013, los viticultores pueden solicitar la etiqueta «cosecha tardía» para sus vinos blancos licorosos. Esta excepción estaba antes reservada a los vinos de Alsacia y Jurançon.

Saint-Mont

En la parte sudoeste del Gers, los viñedos se extienden a lo largo de ambas orillas del Adour, que aporta frescor y veranos menos calurosos que en Madiran. La joven AOC, reconocida en 2011, produce tintos carnosos y con cuerpo con las mismas variedades que Madiran.

1200 ha — 20% / 50% / 30%

Cuenca gascona

Madiran

En los años noventa, Madiran producía vinos muy amaderados y con cuerpo, pero la nueva generación ofrece añadas más frescas y redondas. La uva tannat es autóctona de la región, con taninos bien marcados; cuando se trabaja bien, los resultados son magníficos y da grandes vinos de guarda. Domina la producción, pero los viticultores la mezclan con cabernet sauvignon, fer servadou o cabernet franc para redondear los vinos.

1400 ha  — 100%

Tursan 450 ha — 20% / 40% / 40%

No todo son pinares en las Landas. Si nos alejamos de las playas, este discreto viñedo trepa por las escasas laderas del departamento, entre Dax y Mont-de-Marsan. Es una de las pocas regiones del Sudoeste que produce rosados.

Madiran
Pacherenc-du-vic-bilh

Pacherenc-du-vic-bilh

Esta AOC se integra en la denominación de Madiran. Si las uvas son tintas es Madiran; si son blancas es Pacherenc-du-vic-bilh. Los viticultores producen blancos secos en las laderas más frías, orientadas al oeste, y vinos dulces en las parcelas más cálidas, orientadas al sur.

300 ha  — 100%

Côtes de Gascogne

Entre los pesos pesados del Sudoeste, es el único que produce mayoritariamente vinos blancos. Esta particularidad procede del hecho de que las uvas se utilizaban antiguamente para la destilación del armañac. Pero como las ventas de aguardientes de vino siguen cayendo, han tenido que adaptarse. Con cien millones de botellas vendidas al año, es la segunda IGP más grande de Francia.

12 000 ha  — 7% / 8% / 10% / 75%

GERS

Bascous

Dému

Vic-Fezensac

Nogaro

Avéron-Bergelle

Sabazan

Aignan

Lupiac

Sarragachies

Termes-d'Armagnac

Castelnavet

IGP

Poutdraguin

Saint-Mont

Côtes de Gascogne

Riscle

Peyrusse-Vieille

Lasserade

Plaisance

Louslitges

Castelnau-
Rivière-Basse

Jû-Belloc

Beaumarchés

Bassoues

Madiran

Ladevèze-Ville

Disse

Marciac

rricau-
Bordes

Monpezat

Maubourguet

Arros

Lembeye

**ALTOS
PIRINEOS**

*Cereza, casis, cuero,
regaliz, pan tostado*

*Pera, avellana,
piel de naranja, miel*

*Albaricoque, vainilla,
limón, melocotón*

*Casis, ciruela,
sotobosque, tomillo*

*Frambuesa, violeta,
casis, grosella*

*Acacia, mandarina,
melocotón, limón*

*Albaricoque, naranja,
piña, limón,*

*Cereza, casis,
regaliz, sotobosque*

Madiran

Pacherenc
dulce

Pacherenc
seco

Tursan
tinto

Tursan
rosado

Tursan
blanco

Côte de Gascogne
blanco

Saint-Mont
tinto

Béarn

La denominación abarca una amplia zona al oeste de Pau, incluido Jurançon, pero también, más al norte, Madiran y Pacherenc-du-vic-bilh. Su zona histórica es la más occidental, cerca de Orthez, donde se elaboraba clarete en el siglo XV. El terroir se compone fundamentalmente de suelos arcilloarenosos y de un sustrato arcillomargoso. Los tintos tienen mucho cuerpo y requieren poco envejecimiento. Maridan a las mil maravillas con las especialidades locales: axoa de ternera o morcilla de cerdo negro de Bigorre. La denominación municipal AOC Béarn-Bellocq abarca 90 hectáreas al oeste de Pau, en los municipios de Bellocq, Orthez, Lahontan y Salies de Béarn.

260 ha

1%
45%
54%

Irouléguy

En pleno corazón del País Vasco, el viñedo de Irouléguy se encuentra entre los 200 y 400 metros de altitud alrededor de los municipios de St-Étienne-de-Baïgorry y St-Jean-Pied-de-Port.

Surgió en la Edad Media bajo la influencia de la abadía de Roncesvalles, situada a 1000 metros de altitud. Los monjes producían un vino para los habitantes y los peregrinos que se dirigían a Santiago de Compostela.

Con sus 240 hectáreas, es uno de los viñedos montañosos más pequeños de Francia. Dos tercios de las viñas están plantadas en terrazas, en una pendiente que puede alcanzar el 80 % en algunos lugares, lo que exige un trabajo complejo, muy a menudo manual.

Desaparecido tras la crisis de la filoxera, un puñado de entusiastas replantó el viñedo. El nacimiento de una cooperativa en los años ochenta dio un nuevo impulso a la viticultura local. Promovida por algunos viticultores de renombre, la denominación se beneficia de un considerable efecto de moda.

240 ha

10%
25%
65%

Piamonte pirenaico

Una montaña es el resultado de un pulso subterráneo a lo largo de varios millones de años. Esta lenta agitación de los suelos ofrece una amplia gama de terroirs, desde los primeros pliegues del Pirineo Bearnés hasta el corazón del País Vasco.

Jurançon

El viñedo se extiende al oeste y al sur de Pau. Sus mejores terroirs contemplan los Pirineos y sus parcelas orientadas al sur se benefician de una preciosa insolación. La historia cuenta que al rey Enrique IV le dieron de beber unas gotas de Jurançon en su bautizo para fortalecer su cuerpo y alma.

1200 ha

30%

70%

Se producen principalmente blancos dulces elaborados con variedades autóctonas: gros manseng, petit manseng, courbu, camaralet, lauzet... Los mejores vinos licorosos tienen una gran capacidad de envejecimiento.

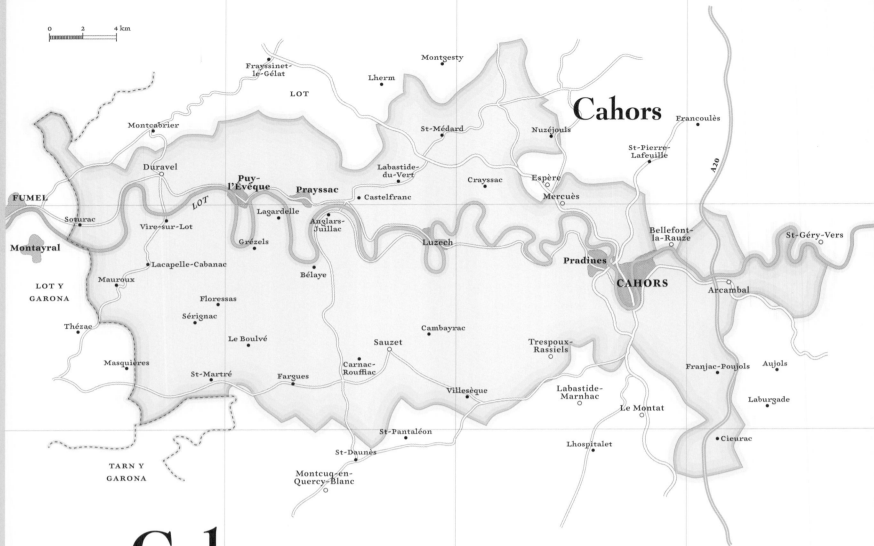

Cahors

Cahors, cuna de la malbec, es el lugar ideal de Francia para descubrir esta variedad tánica y colorida.

Variedades
•
malbec,
merlot, tannat

Hectáreas

4200

Tipo de vino
●
100 %

Suelos
arenolimoso
(orillas del
Lot), arcilloso y
pedregoso (valle),
arcillocalcáreo
(meseta)

Los vinos de Cahors se elaboran principalmente con malbec (también llamada cot). Mientras que en los viñedos cercanos solo se utiliza de forma ocasional, aquí se le da protagonismo de buen grado, con un mínimo del 70 % en la mezcla, aunque tampoco es raro encontrarla como monovarietal.

La zona de denominación abarca cuarenta y cinco municipios del Lot y se extiende en su mayor parte río abajo de Cahors. Cabe distinguir entre los viñedos en terrazas, que crecen a lo largo de los meandros del Lot, y los viñedos en meseta, que crecen en los Causses du Quercy, al sur de la denominación. En las mesetas, las viñas parecen solitarias debido a las duras condiciones, pero disfrutan de una mejor aireación que en el valle durante el calor estival, de modo que la vendimia de sus uvas, con mostos más finos pero más raros, se produce solo una semana después de la del valle.

Una nueva generación está dando a Cahors un renovado dinamismo y el número de adeptos a estos vinos aterciopelados, con aromas de frutos secos, trufa y moka, aumenta cada año.

Se le da protagonismo a la malbec

Coteaux du Quercy

A medio camino entre los viñedos de Cahors y Gaillac, esta reciente AOC (2011) ofrece vinos tintos y rosados con cabernet franc como variedad dominante. Es aconsejable esperar de dos a cuatro años para los tintos, de modo que los taninos, muy presentes en su juventud, se redondeen.

17%

250 ha
83%

Aveyron

Este viñedo aislado del Sudoeste se distingue por el uso de variedades de uva como la fer servadou y la gamay. Auvernia: pasen y vean.

Estaing

Al pie del Aubrac, este pequeño viñedo obtuvo la AOC en 2011, pero no ha dejado de menguar desde hace un siglo y ahora solo abarca el 1 % de su antiguo territorio. Produce sobre todo vinos tintos, principalmente de fer servadou y gamay.

18 ha
10%
25%
65%

Entraygues-le-Fel

Es el viñedo más septentrional del Sudoeste y el más meridional de los viñedos de Auvernia, la denominación goza de la doble influencia del Mediterráneo y del Macizo Central. El viñedo se desarrolló a la par que la abadía de Conques en el siglo XIII. Las variedades autóctonas fer servadou y cabernet franc se utilizan para los tintos, mientras que la chenin es la preferida para los blancos.

22 ha
20%
25%
55%

Côtes de Millau

Marcillac

Su clima semimontañoso implica inviernos duros y veranos calurosos, influenciados por el clima mediterráneo. La variedad de uva del Sudoeste, la fer servadou (también conocida como mansois), es la reina, pues representa casi la mitad del viñedo de la denominación. Tiene aromas de frambuesa, casis y pimienta verde que con el tiempo evolucionan a regaliz y cacao. Los vinos de Marcillac, a la vez tánicos y muy aromáticos, se distinguen por su aspecto rústico.

190 ha
10%
90%

Côtes de Millau

Más al sur descubrimos este viñedo enclavado en el valle del Tarn. Si bien se encuentran parcelas de viñedos en terrazas que recuerdan a las denominaciones del Aveyron Norte, las variedades son diferentes; en este caso, para el tinto son la gamay y la syrah. Producen vinos con aromas de violetas y ciruelas pasas.

55 ha
4%
25%
71%

SABOYA

el viñedo alpino

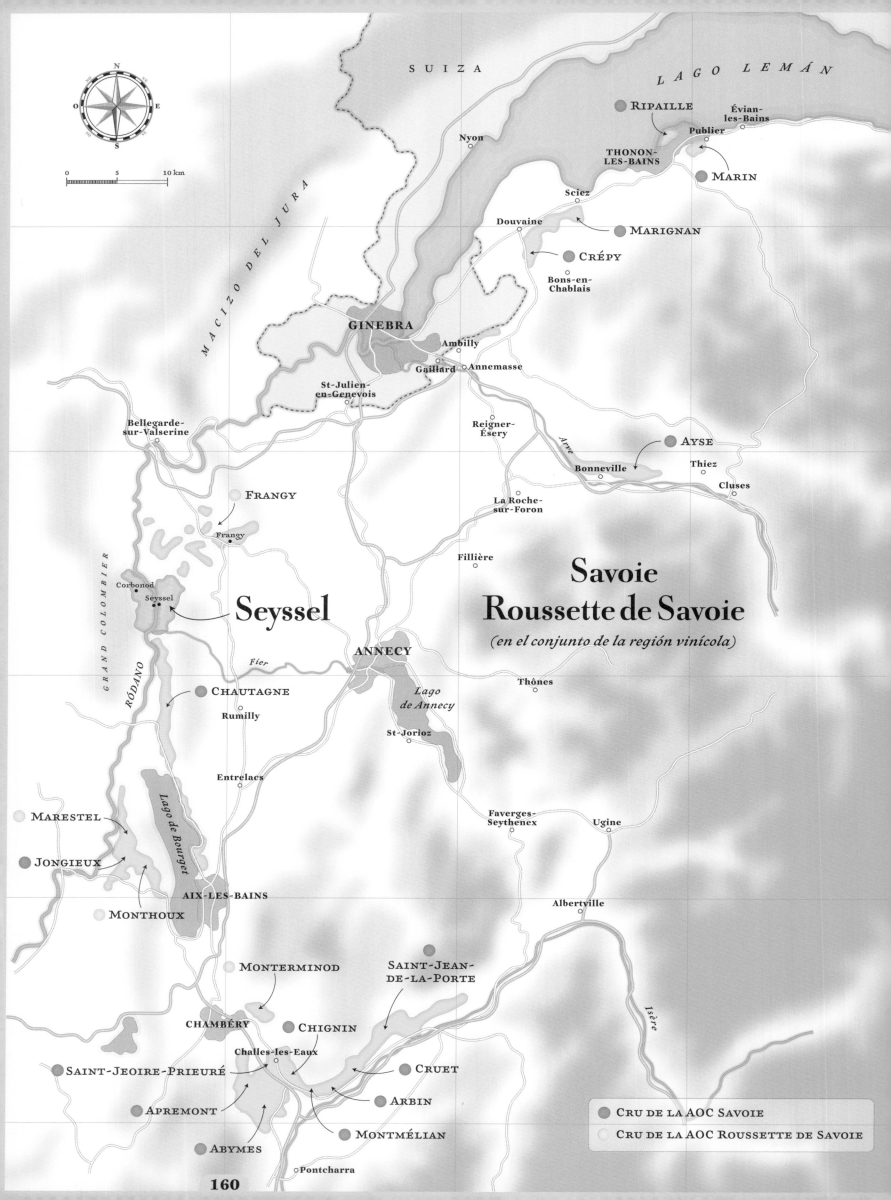

Saboya

En los departamentos más montañosos de Francia, la vid se ha afincado en laderas a cierta altitud donde prosperan variedades muy autóctonas.

Variedades

gamay, mondeuse, persan, pinot noir

altesse, jacquère, apremont, roussanne, chasselas

Hectáreas
1800

Tipos de vino
30%
70%

Suelos
aluvión, morrena glaciar, derrubio, margacalizo

Clima
templado con influencia mediterránea y continental

Los viñedos saboyanos, situados en los departamentos de Saboya y Alta Saboya, prosperan en el frescor de las laderas de hasta 500 metros de altitud, por debajo de lo que podría pensarse de un viñedo «alpino». Este antiguo viñedo, anterior a la invasión romana, agradece el suelo de morrena glaciar y derrubio.

Se utilizan veintitrés variedades de uva, la mayoría locales. Las favoritas de los viticultores siguen siendo la altesse (también llamada roussette de Savoie), la jacquère, la apremont, la bergeron (o roussanne), la chasselas o la mondeuse; en otras palabras: ¡Saboya sabe ser original!

Sin embargo, el vino de Saboya apenas se exporta: su consumo es local, favorecido por el flujo anual de turistas amantes de los grandes espacios.

El viñedo está protegido por dos denominaciones regionales: AOC Savoie y Roussette de Savoie, que se aplican a toda su zona vitícola. El nivel de calidad superior se refiere a diecinueve denominaciones geográficas (o crus) que se aplican a una u otra de las dos denominaciones regionales. Así, tenemos la AOC Roussette de Savoie Frangy o la AOC Savoie Apremont.

El término «Crémant-de-Savoie» se utiliza para los espumosos de calidad superior. Deben ser el producto de una segunda fermentación en botella y suelen elaborarse a partir de una mezcla de jacquère, altesse y chardonnay.

Roussette de Savoie

Cuando están maduras, las bayas de altesse tienen un color rojizo, de ahí el nombre de la denominación. Aunque su zona de denominación está autorizada en todo el viñedo saboyano, sus zonas de producción se sitúan principalmente alrededor de Frangy y en la orilla del lago Bourget. Cuatro crus marcan una calidad superior de Roussette de Savoie: Frangy, Marestel, Monterminod y Monthoux. Son vinos blancos secos y frescos, con aromas de bergamota, almendra, violeta… Si los vinos de la región suelen beberse jóvenes, los de la denominación pueden esperar (un poquito): tienden a mejorar al cabo de unos años.

50 ha
100%

Seyssel

Compartido por los viñedos de Saboya y Bugey, el viñedo se desarrolla en suelos morrénicos dominados por la cordillera del Grand Colombier (1531 m), entre 200 y 400 metros de altitud. Se producen vinos blancos secos a base de altesse con aromas de violetas e iris, así como vinos semisecos más redondos con notas de acacia y miel. Se elaboran vinos 100 % molette, con la indicación de la variedad en la botella. Evocan notas exóticas con un final amargo. Los vinos espumosos suelen elaborarse mediante coupages.

90 ha
40%
60%

BUGEY

entre Jura y Saboya

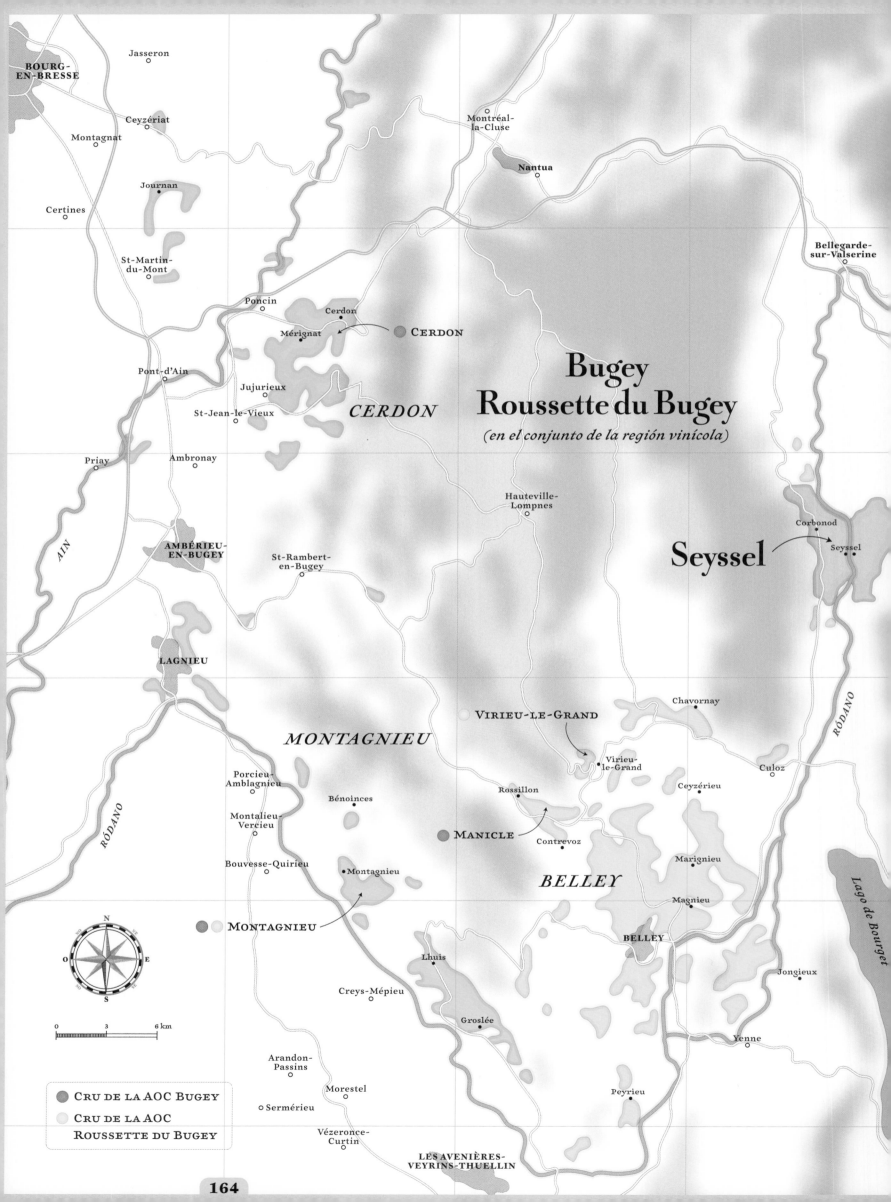

BOURG-
EN-BRESSE

Jasseron

Ceyzériat

Montagnat

Journan

Certines

St-Martin-
du-Mont

Poncin

Cerdon

Mérignat

● CERDON

Pont-d'Ain

Jujurieux

CERDON

St-Jean-le-Vieux

Priay

Ambronay

Montréal-
la-Cluse

Nantua

Bellegarde-
sur-Valserine

Bugey
Roussette du Bugey
(en el conjunto de la región vinícola)

Hauteville-
Lompnes

Corbonod

AMBÉRIEU-
EN-BUGEY

St-Rambert-
en-Bugey

Seyssel

Seyssel

AIN

LAGNIEU

MONTAGNIEU

VIRIEU-LE-GRAND

Chavornay

Virieu-
le-Grand

Culoz

Porcieu-
Amblagnieu

Bénoinces

Rossillon

Ceyzérieu

RÓDANO

Montalieu-
Vercieu

● MANICLE

Contrevoz

Marignieu

Bouvesse-Quirieu

Montagnieu

BELLEY

Magnieu

N
NO   NE
O   E
SO   SE
S

● ● MONTAGNIEU

BELLEY

Lhuis

Jongieux

Creys-Mépieu

0   3   6 km

Groslée

Yenne

Arandon-
Passins

Lago de Bourget

RÓDANO

Morestel

Peyrieu

Sermérieu

● CRU DE LA AOC BUGEY

○ CRU DE LA AOC
ROUSSETTE DU BUGEY

Vézeronce-
Curtin

LES AVENIÈRES-
VEYRINS-THUELLIN

Bugey

En el confín meridional del macizo del Jura, los viñedos de Bugey tienen un aire saboyano, pero no por ello son menos originales, sobre todo en la producción de espumosos.

Variedades
•
gamay, mondeuse, pinot noir, poulsard
•
chardonnay, altesse, jacquère

Hectáreas
300

Tipos de vino
10 %
17 %
60 %
13 %

Suelos
margacalizo, arcillocalcáreo

Clima
templado con influencias continentales

Con 300 hectáreas de viñedo, es la región vitícola más pequeña de Francia después de Lorena. A menudo se asocia con su vecino saboyano, ya que tiene algunas similitudes, sobre todo con las denominaciones con Seyssel (compartida con Saboya) y con la denominación Roussette du Bugey, que solo autoriza la variedad altesse. Si su vecino tiene un claro dominio a la hora de producir blancos secos, aquí destacan los espumosos, con un 61 % de la producción local. En los blancos predomina la chardonnay (mínimo 50 %) y los tintos se producen como monovarietales de gamay, pinot noir o mondeuse.

En la denominación regional Bugey pueden aplicarse tres denominaciones geográficas (o crus):

Manicle. Los suelos calizos de este lugar favorecen la expresión de la pinot noir. La chardonnay también se honra con viñas antiguas.

Montagnieu. Los suelos pedregosos de esta zona realzan la mondeuse y también favorecen la producción de espumosos con una interesante complejidad aromática.

Cerdon Méthode Ancestrale. En las laderas margacalizas, la poulsard y la gamay dan unos espumosos rosáceos con un bajo nivel de alcohol (entre 7 y 9 %). La denominación Bugey Cerdon produce casi la mitad del volumen de vino de la AOC de Bugey.

En la denominación Roussette du Bugey se distinguen dos denominaciones geográficas (o crus): Montagnieu y Virieu-le-Grand. Los vinos de la denominación Montagnieu tienen fama de ser especialmente minerales, mientras que los de Virieu-le-Grand suelen expresar trufas frescas.

El viñedo de Seyssel pertenece tanto a Bugey como a Saboya. Para comprender esta particularidad, es necesario saber que Seyssel es una ciudad doble, separada por el Ródano: una está en el Ain, la otra en Alta Saboya; por tanto, hay dos ayuntamientos. En la actualidad, se está debatiendo una fusión, pero queda una duda: ¿qué departamento elegir?

RÓDANO

el vino y el río

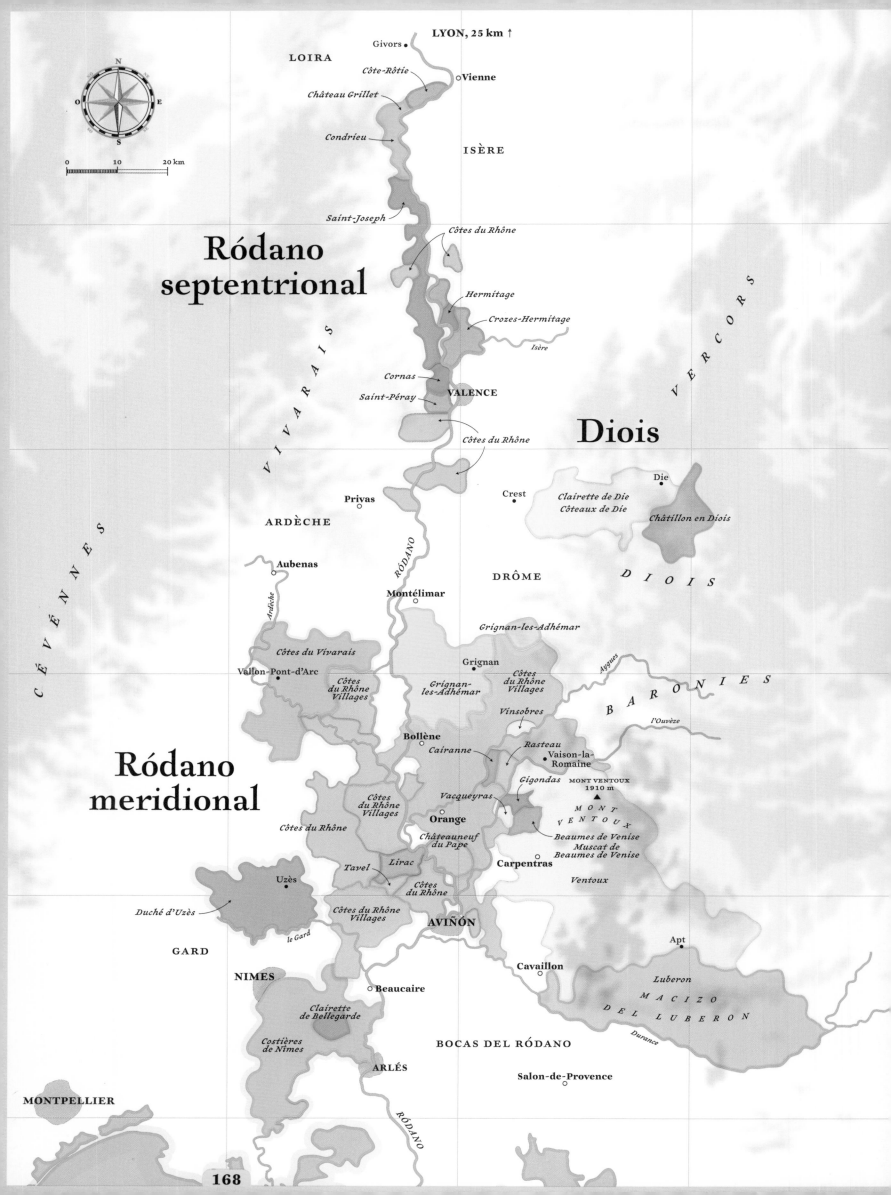

LYON, 25 km ↑

Givors

LOIRA

Côte-Rôtie

Vienne

Château Grillet

ISÈRE

Condrieu

Saint-Joseph

Côtes du Rhône

Ródano
septentrional

Hermitage

Crozes-Hermitage

Isère

VERCORS

Cornas

VALENCE

Saint-Péray

Diois

Côtes du Rhône

VIVARAIS

Privas

Crest

Die

Clairette de Die
Côteaux de Die

ARDÈCHE

Châtillon en Diois

CÉVENNES

Aubenas

DRÔME

DIOIS

Ardèche

Montélimar

Grignan-les-Adhémar

Aygues

Côtes du Vivarais

Grignan

Côtes
du Rhône
Villages

BARONIES

Vallon-Pont-d'Arc

Grignan-
les-Adhémar

Côtes
du Rhône
Villages

l'Ouvèze

Vinsobres

Rasteau

Bollène

Vaison-la-
Romaine

Cairanne

Ródano
meridional

Gigondas

MONT VENTOUX
1910 m

Vacqueyras

Côtes du Rhône
Villages

MONT
VENTOUX

Orange

Beaumes de Venise
Muscat de
Beaumes de Venise

Côtes du Rhône

Châteauneuf
du Pape

Carpentras

Tavel

Lirac

Ventoux

Uzès

Côtes
du Rhône

Apt

Duché d'Uzès

Côtes du Rhône
Villages

le Gard

AVIÑÓN

GARD

Cavaillon

Luberon

NIMES

Beaucaire

MACIZO

Clairette
de Bellegarde

DEL LUBERON

Durance

Costières
de Nîmes

BOCAS DEL RÓDANO

ARLÉS

Salon-de-Provence

MONTPELLIER

RÓDANO

Ródano

La región se saborea como un libro que se abre en el norte y termina en el sur. La historia comienza con vides suspendidas entre el cielo y la tierra en laderas espectaculares; la última página da paso a las puertas de la Provenza, entre el calor y el mistral.

Variedades

·

syrah, garnacha, mourvèdre, cinsault, cariñena

·

viognier, roussanne, marsanne, garnacha blanca, clairette blanche, bourboulenc

Hectáreas

71 600

Tipos de vino

10 %
15 %
75 %

Suelos

arcilloso, pedregoso o granítico (norte)
arcilloso, pedregoso, calcáreo o arenoso (sur)

Clima

continental templado en el norte
mediterráneo en el sur

El valle del Ródano nació de un pulso entre el Macizo Central y los Alpes. Las laderas de la parte norte son solo la punta de un iceberg apasionante: un milhojas de terroirs heterogéneos. La roca granítica del norte procede de la actividad volcánica del Macizo Central, mientras que los cantos rodados del sur han sido depositados por el río a lo largo de los siglos.

Es uno de los viñedos más antiguos de Francia. Como muchas regiones, debe su suelo y su desarrollo al río. Para alimentar el comercio romano, saciar la sed de los lioneses y de los papas, no solo pasaba agua bajo el puente de Aviñón.

Los lugareños dicen que, «para que el vino sea bueno, la vid debe ver el río». Este dicho se aplica en especial entre Vienne y Valence, donde los viñedos trepan por terrazas escarpadas en busca del sol que más calienta. En el norte se cultiva sobre todo viognier para los blancos y syrah para los tintos. En el sur, pasado Montélimar, los viñedos se adentran más hacia el oeste y el este. Se da paso al clima mediterráneo y de la syrah vamos a la garnacha, la mourvèdre, la cariñena y la cinsault. Los vinos tintos son potentes y ganan en delicadeza en altitud (200-400 m); los blancos son redondos y aromáticos. En las páginas siguientes, descubriremos los diecisiete crus de Côtes du Rhône, el nivel más alto de la región, así como todos sus demás vinos, desde el clairette de Die hasta el costières de Nîmes. ¿Todo listo para descender por el río?

«Para que el vino sea bueno, la vid debe ver el río»

LOS 17 CRUS DEL RÓDANO

Côte-Rôtie
Château Grillet
Condrieu
Hermitage
Crozes-Hermitage
Saint-Joseph
Cornas
Saint-Péray
Vinsobres
Cairanne
Rasteau
Gigondas
Vacqueyras
Beaumes-de-Venise
Châteauneuf-du-Pape
Lirac
Tavel

En 1446, el duque de Borgoña prohibió los vinos del Ródano en su región por temor a que ganaran el favor de la capital y destronaran a los vinos de Borgoña. ¡El lobby *del vino ya empezaba a hacer de las suyas!*

Cereza negra, moka, regaliz, ciruela pasa, garriga

GARNACHA

La actriz protagonista del Ródano cubre más de la mitad del viñedo. De origen español, florece a orillas del Mediterráneo y del Ródano, sobre todo en su parte meridional. Es la principal variedad en la composición de Châteauneuf-du-Pape. También es un peso pesado a escala nacional, ya que es la segunda variedad de uva más plantada en Francia, por detrás de la merlot.

Casis, frambuesa, mora, pimienta, cacao

SYRAH

La reina del Ródano se adapta a la perfección a las laderas soleadas de la parte septentrional. No es de extrañar que, además de proliferar en el sur de Francia, haya encontrado un hogar en Australia y California. Esta variedad produce hermosas bayas ovaladas, de color negro azulado, que dan vinos muy aromáticos, complejos, con cuerpo y poca acidez.

Mora, cereza, cuero, ciruela pasa, violeta, laurel

CARIÑENA

Es poco frecuente que se utilice como variedad única y a menudo se combina con syrah, garnacha o cinsault. Le gusta el calor, no se queja del viento y florece en laderas pedregosas. Aunque es productiva, pero de escaso interés, en las llanuras, en cambio se expresa mejor en las laderas: colorida, robusta, aromática y apta para el envejecimiento.

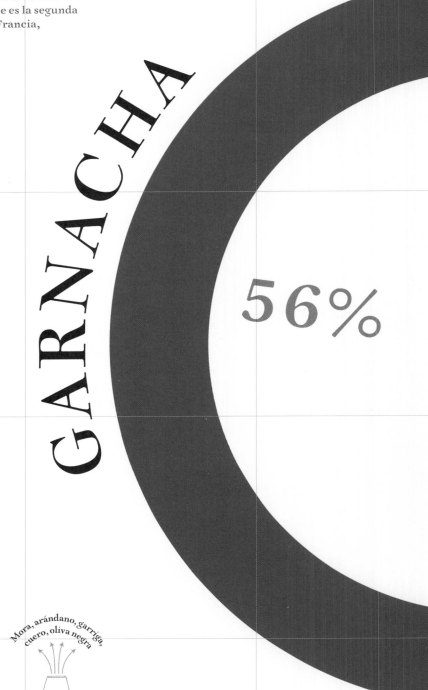

GARNACHA 56%

Mora, arándano, garriga, cuero, oliva negra

MOURVÈDRE

Al igual que la garnacha y la cariñena, también es de origen ibérico y suele utilizarse en los coupages. Es una variedad delicada y caprichosa: madura tarde, rinde poco y, sobre todo, es muy irregular. De hecho, la producción puede ser muy desigual, por lo que se utiliza mucho menos que antaño. En las condiciones adecuadas, aporta un color intenso y una estructura tánica que dará vinos aptos para el envejecimiento y de una gran complejidad aromática.

DEL RÓDANO

OTRAS VARIEDADES

En el Ródano se utilizan otras variedades
de forma más discreta. Para los tintos se
utiliza counoise, picpoul noir y garnacha gris;
para los blancos, marsanne, roussanne,
bourboulenc y ugni blanc.

OTRAS

MUSCAT

VIOGNIER

CLAIRETTE

CINSAULT

MOURVÈDRE

CARIÑENA

3%

2%

2%

3%

3%

4%

5%

22%

SYRAH

Uva fresca, pera, menta, melocotón, naranja

MUSCAT

Se utiliza sobre todo en la producción de vinos del mismo
nombre, en Beaumes-de-Venise. Las muscadières se
encuentran en restanques, muros de contención de piedra
seca en laderas muy soleadas. Produce uvas pequeñas
y muy dulces. Es especialmente aromática, potente
y delicada a la vez, con aromas de cítricos, frutas exóticas
y notas vegetales.

Acacia, melocotón blanco, mango, miel, albaricoque

VIOGNIER

Variedad emblemática de las denominaciones
Condrieu y Château Grillet, también desempeña un
papel secundario en la composición de algunos de los
grandes tintos del Ródano septentrional, a los que
aporta azúcar, redondez y delicadeza. Como
monovarietal, su longitud en boca y sus exuberantes
aromas no dejan a nadie indiferente.

Tilo, hinojo, manzana, melocotón, pomelo

CLAIRETTE

Se utiliza sobre todo para elaborar espumosos en
Diois y blancos secos de clairette de Bellegarde.
Produce vinos frescos, ligeramente ácidos, con un
toque amargo al final. Los vinos a base de clairette
se disfrutan mejor en su juventud.

Flor de tilo, frambuesa, avellana, rosa, melocotón

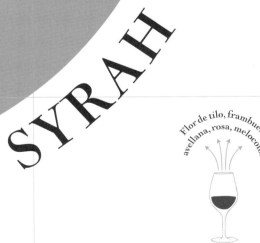

CINSAULT

Esta antigua variedad provenzal se utiliza a menudo
para los rosados. Proporciona aromas delicados
y poca estructura tánica, por lo que aporta fruta
a los coupages meridionales. Es una variedad
productiva cuyo rendimiento debe ralentizarse para
mejorar su calidad.

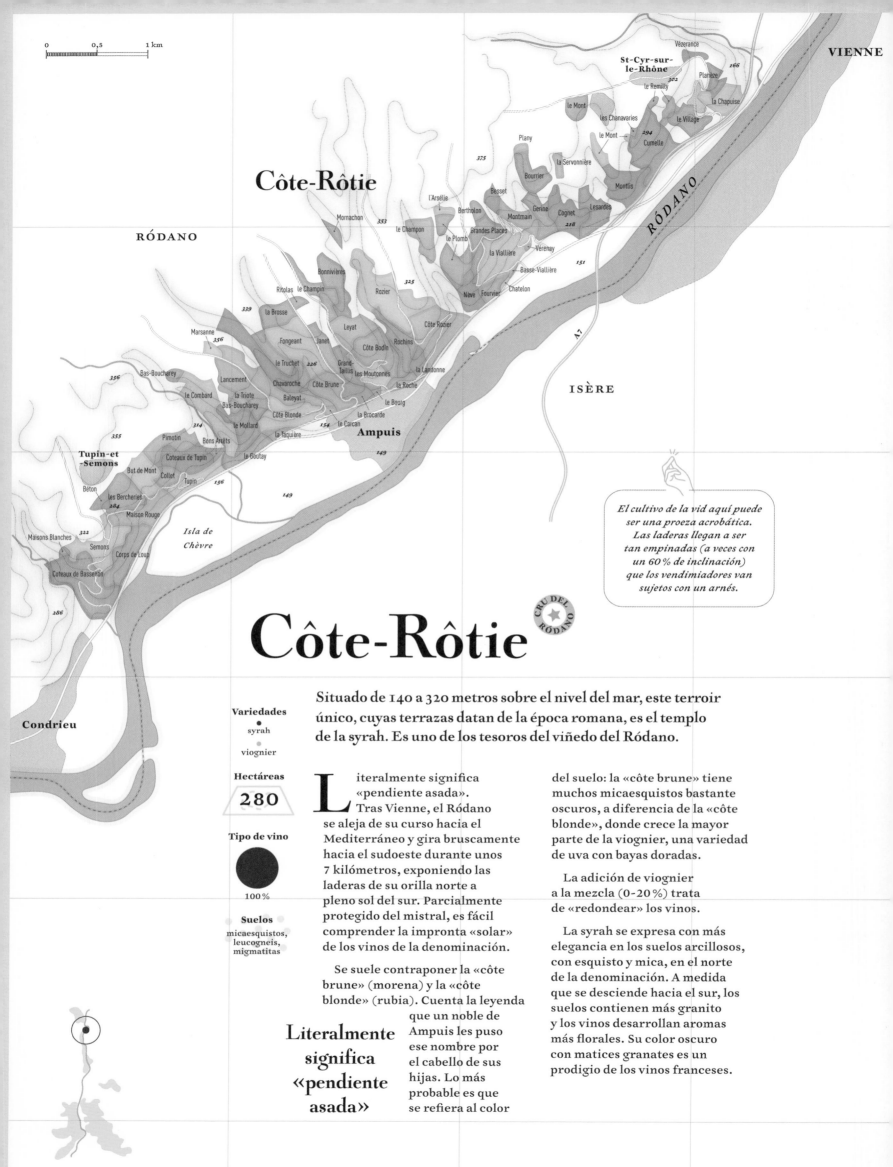

VIENNE

St-Cyr-sur-
le-Rhône

Vézerance

166

302 le Remilly

Planèze

le Mont les Chanavaries la Chapuise

le Village

294

Plany le Mont Cumelle

la Servonnière

Côte-Rôtie

Bourrier Montlis

Besset

l'Arsélie Gerine Lesardes

375 Bertholon Montmain Cognet

Mornachon *353* Grandes Places *218*

le Champon la Viallière Vérenay

RÓDANO

le Plomb Basse-Viallière *151*

Bonnivières *325* Nève Fourvier Chatelon

Ritolas le Champin Rozier

339 la Brosse Côte Rozier

Marsanne *356* Leyat

Fongeant Janet Côte Bodin Rochins

le Truchet *226* Grand- les Moutonnes la Landonne

Bas-Boucharey Taillis la Roche

356 Lancement Chavaroche Côte Brune

le Combard la Triote le Bourg

Baleyat le Brocarde

Bas-Boucharey

314 Côte Blonde le Caican

le Mollard *154*

Pimotin la Taquière **Ampuis**

Bóns Arrêts le Goutay *149*

Tupin-et
-Semons Coteaux de Tupin

But de Mont Collet

Béton Tupin *156*

les Bercheries *149*

284 Maison Rouge

Maisons Blanches *322*

Semons

Corps de Loup

Coteaux de Bassenón

286

Isla de Chèvre

RÓDANO

A7

ISÈRE

0 0,5 1 km

> *El cultivo de la vid aquí puede ser una proeza acrobática. Las laderas llegan a ser tan empinadas (a veces con un 60 % de inclinación) que los vendimiadores van sujetos con un arnés.*

Côte-Rôtie

CRU DEL RÓDANO

Condrieu

Situado de 140 a 320 metros sobre el nivel del mar, este terroir único, cuyas terrazas datan de la época romana, es el templo de la syrah. Es uno de los tesoros del viñedo del Ródano.

Variedades
• syrah
• viognier

Hectáreas
280

Tipo de vino
●
100 %

Suelos
micaesquistos, leucogneis, migmatitas

Literalmente significa «pendiente asada»

Literalmente significa «pendiente asada». Tras Vienne, el Ródano se aleja de su curso hacia el Mediterráneo y gira bruscamente hacia el sudoeste durante unos 7 kilómetros, exponiendo las laderas de su orilla norte a pleno sol del sur. Parcialmente protegido del mistral, es fácil comprender la impronta «solar» de los vinos de la denominación.

Se suele contraponer la «côte brune» (morena) y la «côte blonde» (rubia). Cuenta la leyenda que un noble de Ampuis les puso ese nombre por el cabello de sus hijas. Lo más probable es que se refiera al color

del suelo: la «côte brune» tiene muchos micaesquistos bastante oscuros, a diferencia de la «côte blonde», donde crece la mayor parte de la viognier, una variedad de uva con bayas doradas.

La adición de viognier a la mezcla (0-20 %) trata de «redondear» los vinos.

La syrah se expresa con más elegancia en los suelos arcillosos, con esquisto y mica, en el norte de la denominación. A medida que se desciende hacia el sur, los suelos contienen más granito y los vinos desarrollan aromas más florales. Su color oscuro con matices granates es un prodigio de los vinos franceses.

172

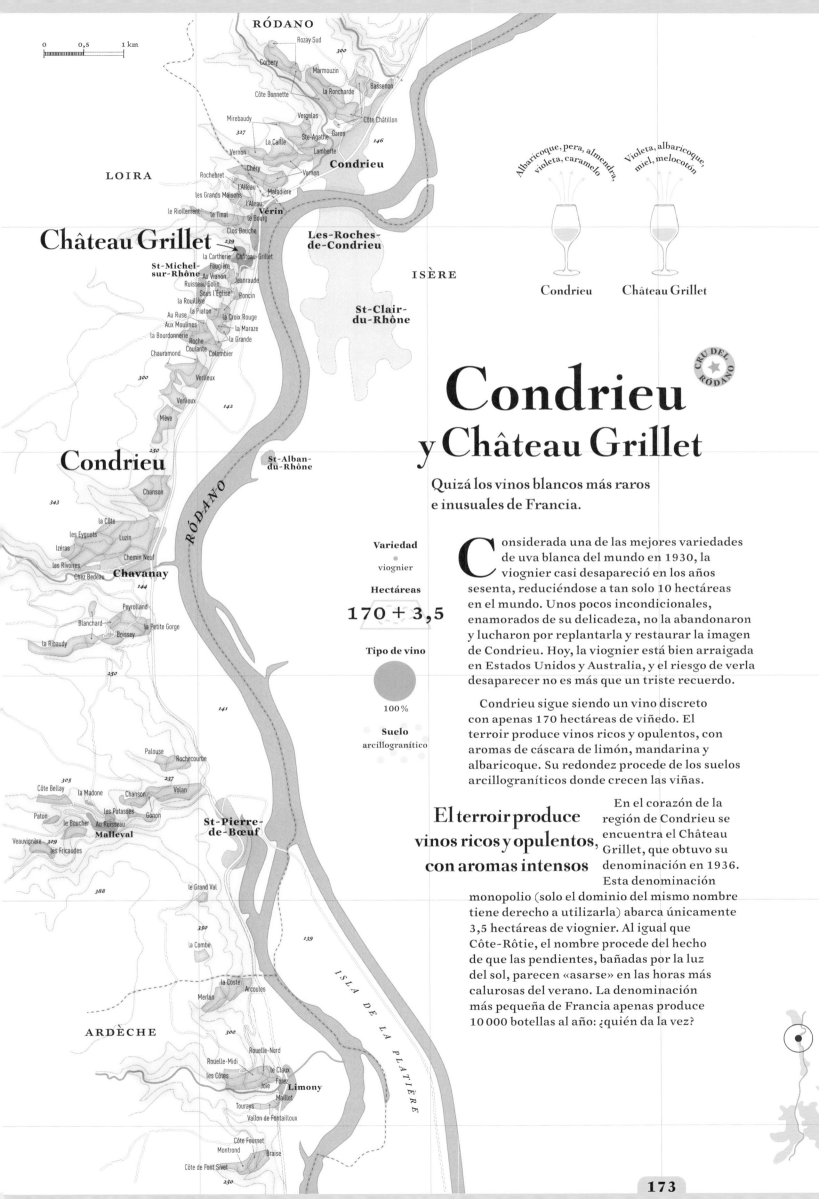

RÓDANO

LOIRA

Château Grillet

St-Michel-sur-Rhône

Condrieu

Chavanay

Malleval

ARDÈCHE

ISÈRE

St-Clair-du-Rhône

St-Alban-du-Rhône

Les-Roches-de-Condrieu

Condrieu

Vérin

St-Pierre-de-Bœuf

ISLA DE LA PLATIÈRE

Limony

RÓDANO

Albaricoque, pera, almendra, violeta, caramelo

Violeta, albaricoque, miel, melocotón

Condrieu   Château Grillet

Condrieu
y Château Grillet

CRU DEL RÓDANO

Quizá los vinos blancos más raros
e inusuales de Francia.

Variedad
·
viognier

Hectáreas

170 + 3,5

Tipo de vino

100 %

Suelo
arcillogranítico

Considerada una de las mejores variedades
de uva blanca del mundo en 1930, la
viognier casi desapareció en los años
sesenta, reduciéndose a tan solo 10 hectáreas
en el mundo. Unos pocos incondicionales,
enamorados de su delicadeza, no la abandonaron
y lucharon por replantarla y restaurar la imagen
de Condrieu. Hoy, la viognier está bien arraigada
en Estados Unidos y Australia, y el riesgo de verla
desaparecer no es más que un triste recuerdo.

Condrieu sigue siendo un vino discreto
con apenas 170 hectáreas de viñedo. El
terroir produce vinos ricos y opulentos, con
aromas de cáscara de limón, mandarina y
albaricoque. Su redondez procede de los suelos
arcillograníticos donde crecen las viñas.

El terroir produce vinos ricos y opulentos, con aromas intensos

En el corazón de la
región de Condrieu se
encuentra el Château
Grillet, que obtuvo su
denominación en 1936.
Esta denominación
monopolio (solo el dominio del mismo nombre
tiene derecho a utilizarla) abarca únicamente
3,5 hectáreas de viognier. Al igual que
Côte-Rôtie, el nombre procede del hecho
de que las pendientes, bañadas por la luz
del sol, parecen «asarse» en las horas más
calurosas del verano. La denominación
más pequeña de Francia apenas produce
10 000 botellas al año: ¿quién da la vez?

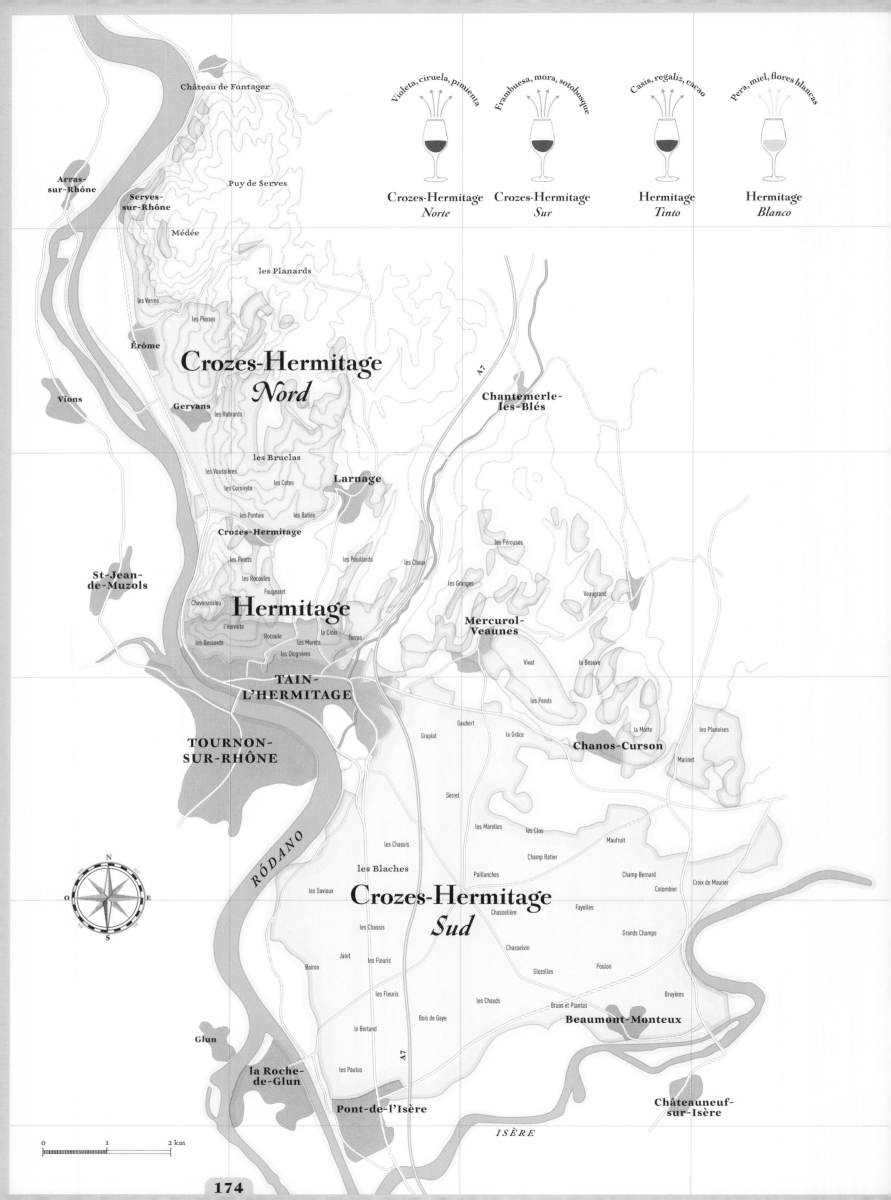

Château de Fontager

Arras-
sur-Rhône

Serves-
sur-Rhône

Puy de Serves

Médée

les Planards

les Verres

les Pierres

Érôme

Vions

Gervans

les Habrards

les Bruclas

les Voussières

les Cotes

les Cornirets

les Pontaix

les Baties

Crozes-Hermitage

les Pinets

les Pouillards

les Chaux

les Rocoules

Fougearet

les Granges

Chavanassieu

l'Hermite

Rocoule

la Croix

les Murets

Torras

les Bessards

les Diognères

Violeta, ciruela, pimienta

Frambuesa, mora, sotobosque

Casis, regaliz, cacao

Pera, miel, flores blancas

Crozes-Hermitage
Norte

Crozes-Hermitage
Sur

Hermitage
Tinto

Hermitage
Blanco

A7

Chantemerle-
les-Blés

Crozes-Hermitage
Nord

Larnage

les Pérouses

Hermitage

Mercurol-
Veaunes

Veaugrand

Vivat

la Beauve

les Pends

St-Jean-
de-Muzols

TAIN-
L'HERMITAGE

Gaubert

la Motte

les Planaises

TOURNON-
SUR-RHÔNE

Grapiat

la Grâce

Chanos-Curson

Marinet

Serret

les Marelles

les Clos

Maufruit

les Chassis

Champ Ratier

les Blaches

Paillanches

Champ Bernard

Croix de Mourier

les Saviaux

Chasselière

Fayolles

Colombier

Crozes-Hermitage
Sud

Chasselvin

Grands Champs

RÓDANO

les Chassis

Glezolles

Poulon

N
O   E
S

Jalet

les Flouris

Boiron

les Chauds

Bruyères

les Fleuris

Bruas et Plantas

Glun

Bois de Gaye

Beaumont-Monteux

le Bertand

A7

la Roche-
de-Glun

les Pautus

les Pautus

Châteauneuf-
sur-Isère

Pont-de-l'Isère

ISÈRE

0   1   2 km

Hermitage y Crozes-Hermitage

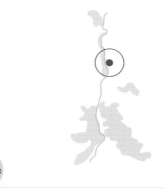

Una historia sobre un caballero, la syrah y un cambio de trayectoria profesional es un buen comienzo, ¿no?

Variedades

- garnacha noir, syrah, mourvèdre
- garnacha blanca, roussanne, bourboulenc

Hectáreas

3145

Tipos de vino

7 %
93 %

Suelos

cantos rodados y guijarros arcillosos, arena caliza

Érase una vez un caballero, Henri-Gaspard de Stérimberg, que en 1224 decidió cambiar de vida; seguramente, una de las mejores reconversiones profesionales de la historia. Cansado de guerrear y de las cruzadas, se retiró como ermitaño a su región natal. Eligió una colina especialmente soleada, construyó una capilla y empezó a elaborar vino. La vid ya llevaba allí varios siglos, pero su trabajo y su historia fueron los que revelaron la riqueza de estos suelos y dieron fama al pequeño viñedo.

La colina de Hermitage merece un lugar entre las siete maravillas del mundo del vino. Esculpida literalmente por generaciones de viticultores, nos regala unas vistas impresionantes del Ródano que separan la Ardèche de la Drôme. A lo lejos, el Mont Blanc, a sus pies, un paraíso rojizo, explotado tan solo por una treintena de viticultores (en la denominación Hermitage). Es uno de los escasos relieves de la orilla izquierda del Ródano septentrional, mientras que en la orilla derecha solo hay pendientes accidentadas que albergan la inmensa mayoría de las vides del Ródano septentrional.

> **La colina de Hermitage merece un lugar entre las siete maravillas del mundo del vino**

La syrah es una de las mejores variedades de uva del mundo. En las laderas de esta pronunciada pendiente, está a sus anchas para ofrecer vinos de una profundidad surrealista, como si el esfuerzo de los viticultores se reflejara en la botella. La pendiente dificulta el trabajo, pero el resultado merece la pena. Las dos denominaciones permiten la adición de variedades de uva blanca para sus tintos hasta un máximo del 15 %. Esto aporta un toque de frescura y acidez a los vinos.

Hay tres zonas de producción:

Crozes - Hermitage Nord. Terroirs de granito fresco, paisaje de colinas. Los vinos son concentrados y pueden parecer austeros cuando son jóvenes.

Hermitage. Pequeños viñedos en laderas escarpadas, orientados al sur. Entre los vinos tintos más raros de Francia. Un vino potente de color rojo rubí intenso que puede conservarse veinte años.

Crozes - Hermitage Sud. Terrazas pedregosas y cálidas, paisaje casi llano. Los vinos son más golosos cuando son jóvenes.

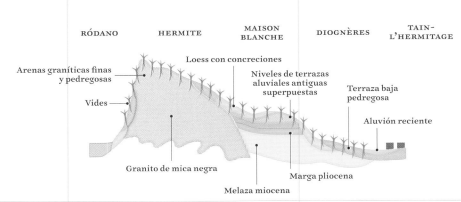

SECCIÓN GEOLÓGICA DE LA COLINA DE HERMITAGE

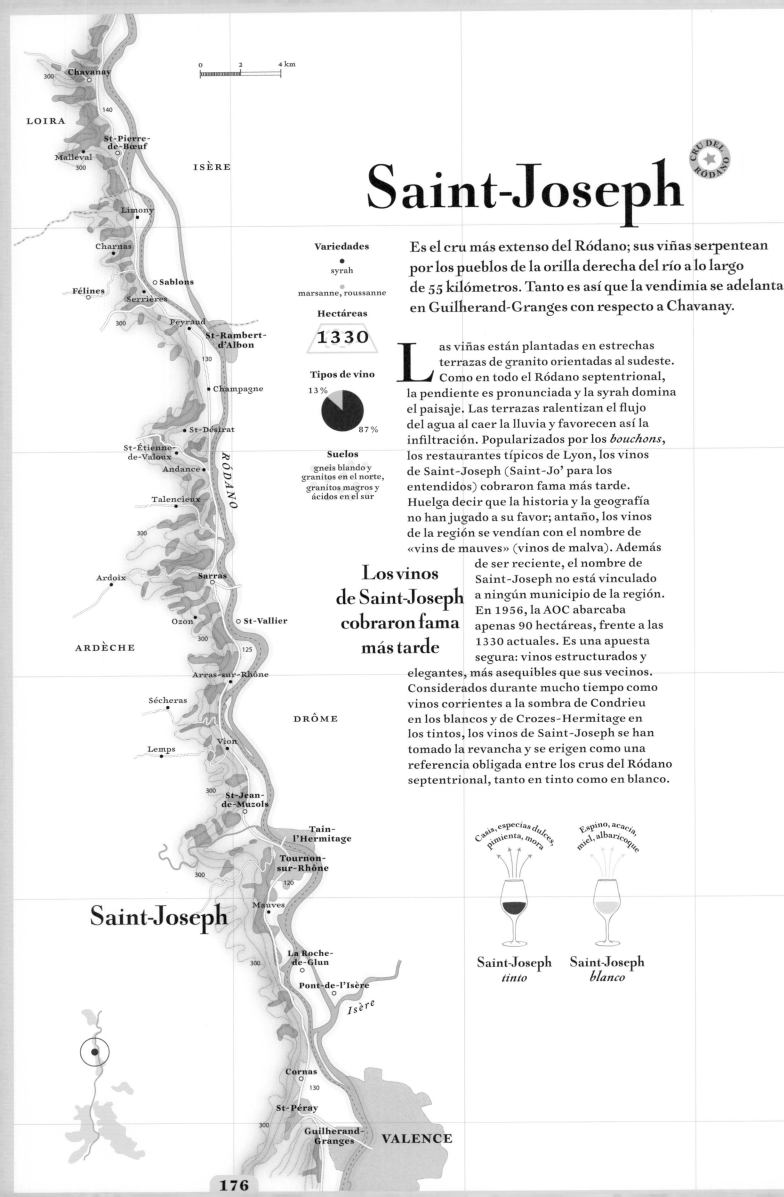

Saint-Joseph

Variedades

• syrah

• marsanne, roussanne

Hectáreas

1330

Tipos de vino

13 %

87 %

Suelos

gneis blando y granitos en el norte, granitos magros y ácidos en el sur

Los vinos de Saint-Joseph cobraron fama más tarde

Es el cru más extenso del Ródano; sus viñas serpentean por los pueblos de la orilla derecha del río a lo largo de 55 kilómetros. Tanto es así que la vendimia se adelanta en Guilherand-Granges con respecto a Chavanay.

Las viñas están plantadas en estrechas terrazas de granito orientadas al sudeste. Como en todo el Ródano septentrional, la pendiente es pronunciada y la syrah domina el paisaje. Las terrazas ralentizan el flujo del agua al caer la lluvia y favorecen así la infiltración. Popularizados por los *bouchons*, los restaurantes típicos de Lyon, los vinos de Saint-Joseph (Saint-Jo' para los entendidos) cobraron fama más tarde. Huelga decir que la historia y la geografía no han jugado a su favor; antaño, los vinos de la región se vendían con el nombre de «vins de mauves» (vinos de malva). Además de ser reciente, el nombre de Saint-Joseph no está vinculado a ningún municipio de la región. En 1956, la AOC abarcaba apenas 90 hectáreas, frente a las 1330 actuales. Es una apuesta segura: vinos estructurados y elegantes, más asequibles que sus vecinos. Considerados durante mucho tiempo como vinos corrientes a la sombra de Condrieu en los blancos y de Crozes-Hermitage en los tintos, los vinos de Saint-Joseph se han tomado la revancha y se erigen como una referencia obligada entre los crus del Ródano septentrional, tanto en tinto como en blanco.

Casis, especias dulces, pimienta, mora

Espino, acacia, miel, albaricoque

Saint-Joseph
tinto

Saint-Joseph
blanco

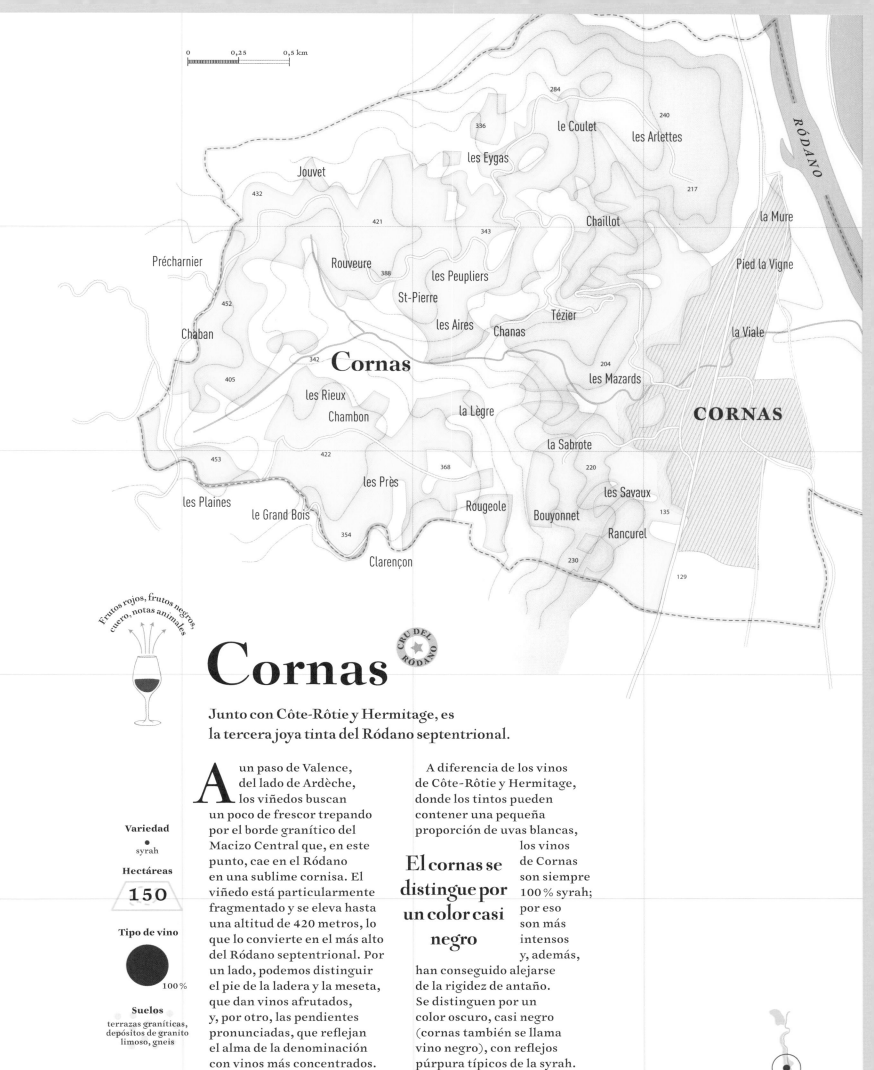

Cornas

CRU DEL RÓDANO

Junto con Côte-Rôtie y Hermitage, es la tercera joya tinta del Ródano septentrional.

A un paso de Valence, del lado de Ardèche, los viñedos buscan un poco de frescor trepando por el borde granítico del Macizo Central que, en este punto, cae en el Ródano en una sublime cornisa. El viñedo está particularmente fragmentado y se eleva hasta una altitud de 420 metros, lo que lo convierte en el más alto del Ródano septentrional. Por un lado, podemos distinguir el pie de la ladera y la meseta, que dan vinos afrutados, y, por otro, las pendientes pronunciadas, que reflejan el alma de la denominación con vinos más concentrados.

A diferencia de los vinos de Côte-Rôtie y Hermitage, donde los tintos pueden contener una pequeña proporción de uvas blancas, los vinos de Cornas son siempre 100 % syrah; por eso son más intensos y, además, han conseguido alejarse de la rigidez de antaño. Se distinguen por un color oscuro, casi negro (cornas también se llama vino negro), con reflejos púrpura típicos de la syrah.

El cornas se distingue por un color casi negro

Variedad
• syrah

Hectáreas
150

Tipo de vino
● 100 %

Suelos
terrazas graníticas, depósitos de granito limoso, gneis

Frutos rojos, frutos negros, cuero, notas animales

Coteaux du Lyonnais

250 ha

10%
14%
76%

Este viñedo, puente entre el Beaujolais y el valle del Ródano, llegó a alcanzar 12 000 hectáreas en el siglo XIX, pero la crisis de la filoxera y la expansión urbana de la metrópoli lionesa dividieron sus viñedos por cincuenta. Se cultiva la gamay, que produce tintos y rosados chispeantes con aromas de casis, fresa y frambuesa. Los blancos a base de chardonnay son suaves, redondos y más vivos cuando se incluye la aligoté en el coupage.

Otros vinos del Ródano septentrional

Saint-Péray

Conocido por sus vinos espumosos, muy apreciados en palacio, el «Champán del Midi», como lo apodó Julio Verne, acabó cayendo en el olvido. En la actualidad, sus blancos tranquilos, más vivos que los de las demás denominaciones del Ródano septentrional, dan un nuevo impulso a la denominación. Elaborados con marsanne, a veces mezclada con roussanne, estos vinos revelan sutiles aromas de violetas, espino blanco y acacia que evolucionan hacia notas minerales con los años.

98 ha

15%
85%

Diois

Cambio de aires: el viñedo se aleja del Ródano para situarse en las frescas colinas entre el Vercors y las Baronnies provenzales, entre el clima continental y el mediterráneo.

Variedades

gamay, pinot noir, syrah

clairette blanche, muscat

Hectáreas

1600

Tipos de vino

0,5 % 0,5 %

99 %

Châtillon-en-Diois, un pequeño viñedo de unas 50 hectáreas en el sur del macizo del Vercors, llega a alcanzar los 600 metros en algunos lugares. Aquí solo se elaboran vinos tranquilos, minoritarios en Diois. Los tintos son bastante redondos, basados en la gamay, a la que a veces se le asocia pinot noir o syrah. Los blancos son secos y se elaboran con aligoté y chardonnay.

El clairette de Die es el buque insignia de la región

El clairette de Die, el buque insignia de esta región, es un vino espumoso elaborado con muscat; a diferencia de lo que se pudiera pensar, la clairette blanche es secundaria en su composición. La fermentación se detiene antes de que las levaduras consuman todos los azúcares de la uva, para preservar un mosto dulce y una baja graduación alcohólica (de 7 a 8 grados).

El crémant de Die se diferencia del clairette principalmente por su composición: la clairette blanche es mayoritaria, acompañada de aligoté y un toque de muscat. Este espumoso tan aromático tiene notas típicas de flores blancas que lo distinguen de otros espumosos de Diois.

El clairette de Die y el crémant de Die representan el 99 % de la producción de la región. ¡A descorchar!

Madreselva, melocotón, rosa, albaricoque, lichi

Clairette de Die

Flores blancas, manzana verde, frutos secos

Crémant de Die

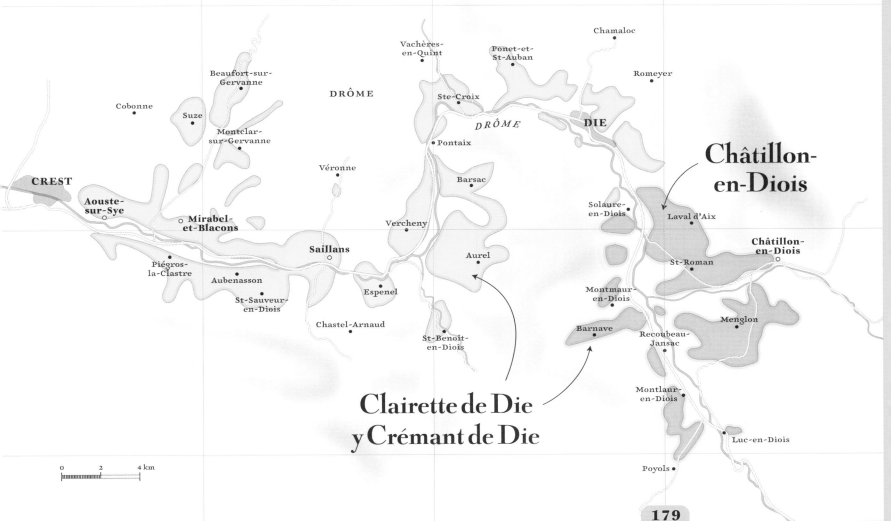

Chamaloc

Vachères-en-Quint

Ponet-et-St-Auban

Romeyer

Beaufort-sur-Gervanne

DRÔME

Ste-Croix

DIE

DRÔME

Cobonne

Suze

Montclar-sur-Gervanne

Pontaix

Barsac

Châtillon-en-Diois

Véronne

Solaure-en-Diois

Laval d'Aix

CREST

Vercheny

Châtillon-en-Diois

Aouste-sur-Sye

Mirabel-et-Blacons

Aurel

St-Roman

Saillans

Montmaur-en-Diois

Piégros-la-Clastre

Aubenasson

Espenel

Menglon

St-Sauveur-en-Diois

Barnave

Recoubeau-Jansac

Chastel-Arnaud

St-Benoît-en-Diois

Montlaur-en-Diois

Clairette de Die y Crémant de Die

Luc-en-Diois

0 2 4 km

Poyols

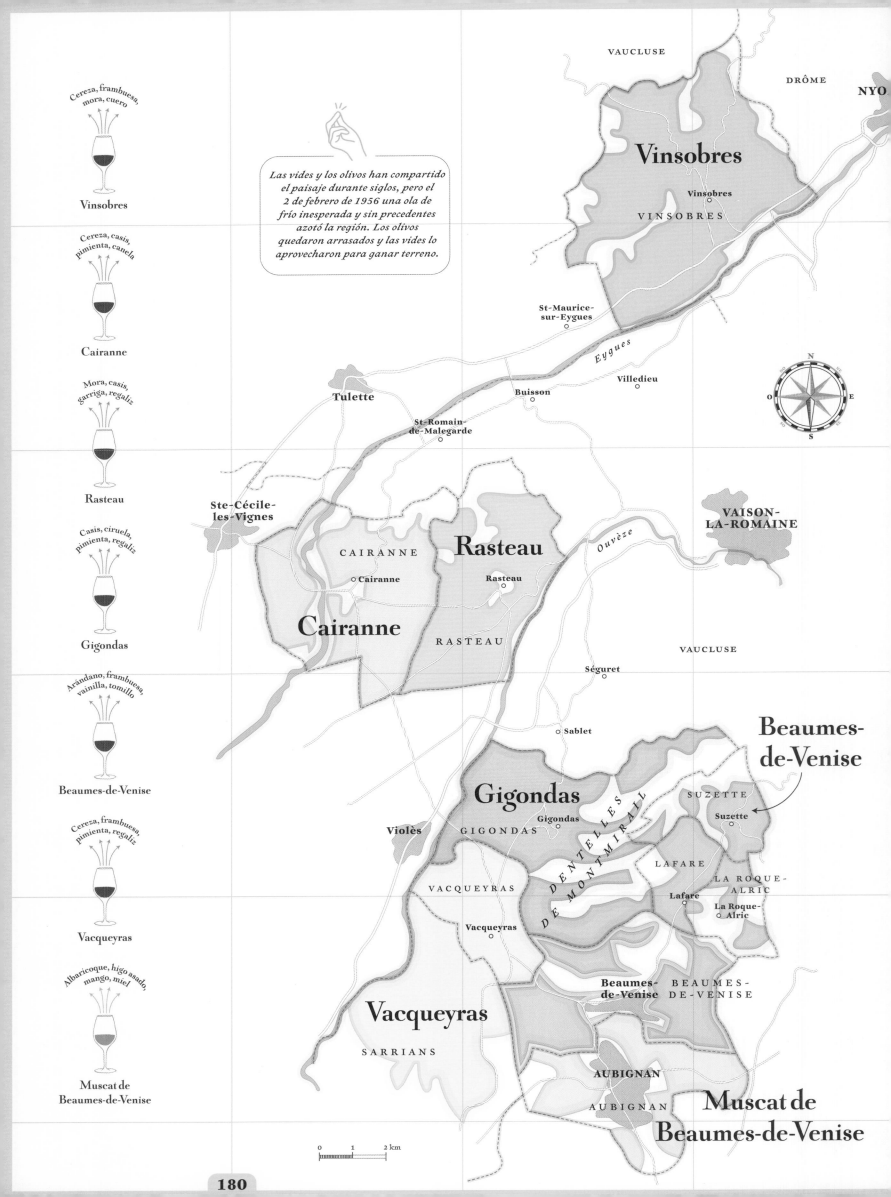

Vinsobres

Cereza, frambuesa,
mora, cuero,

Cairanne

Cereza, casis,
pimienta, canela

Rasteau

Mora, casis,
garriga, regaliz

Gigondas

Casis, ciruela,
pimienta, regaliz,

Beaumes-de-Venise

Arándano, frambuesa,
vainilla, tomillo

Vacqueyras

Cereza, frambuesa,
pimienta, regaliz

Muscat de
Beaumes-de-Venise

Albaricoque, higo asado,
mango, miel,

Las vides y los olivos han compartido
el paisaje durante siglos, pero el
2 de febrero de 1956 una ola de
frío inesperada y sin precedentes
azotó la región. Los olivos
quedaron arrasados y las vides lo
aprovecharon para ganar terreno.

VAUCLUSE

DRÔME

NYO

Vinsobres

Vinsobres

VINSOBRES

St-Maurice-
sur-Eygues

Eygues

Villedieu

Buisson

Tulette

St-Romain-
de-Malegarde

Ste-Cécile-
les-Vignes

CAIRANNE

Cairanne

Rasteau

Rasteau

RASTEAU

Ouvèze

VAISON-
LA-ROMAINE

Cairanne

Séguret

VAUCLUSE

Sablet

Beaumes-
de-Venise

Gigondas

Gigondas

SUZETTE

Suzette

Suzette

Violès

GIGONDAS

DENTELLES DE MONTMIRAIL

LAFARE

LA ROQUE-
ALRIC

VACQUEYRAS

Lafare

La Roque-
Alric

Vacqueyras

Vacqueyras

Beaumes-
de-Venise

BEAUMES-
DE-VENISE

Vacqueyras

SARRIANS

AUBIGNAN

Muscat de
Beaumes-de-Venise

AUBIGNAN

0   1   2 km

Vinsobres

Es una de las denominaciones más altas de la región (entre 200 y 450 m). Un viento de juventud sopla en los viñedos de este desconocido de la Drôme provenzal: el 30 % ya se cultiva de forma ecológica.

1376 ha

100%

Cairanne

Cuanto más al sur, más variada es la gama de variedades de uva. En torno al encantador pueblecito de Cairanne, se cultiva el trío de garnacha, syrah y mourvèdre para los tintos y el trío de clairette, garnacha blanca y roussanne para los blancos. Es la última denominación del Ródano a la que se ha concedido el rango de Cru des Côtes du Rhône, en 2016.

856 ha

4%

96%

Rasteau

La concesión de la AOC Rasteau tinto en 2010 es la recompensa por un largo trabajo de los viticultores para que se reconozca su terroir. La región también es conocida por su producción de Vino Dulce Natural (VDN).

953 ha

2% (VDN)

98%

Gigondas

Junto con el de Châteauneuf-du-Pape, es el vino más famoso del Ródano meridional. La denominación se distingue por sus suelos de piedra caliza gris. Los vinos tintos son ricos: tienen cuerpo y capacidad para perdurar en el tiempo. Se distinguen por aromas de casis en su juventud y luego por un toque de regaliz o cacao con el tiempo.

1189 ha

2%

98%

Beaumes-de-Venise

Su bonito nombre no se debe a la bella ciudad italiana, sino que procede de «Comtat Venaissin», un antiguo territorio del que Carpentras fue capital. Sin embargo, este bello paisaje de colinas, olivares y vides tiene un aire italiano, a la Toscana. Se producen vinos equilibrados que se benefician de la frescura que aporta la altitud del viñedo (hasta 400 m).

660 ha

100%

Vacqueyras

Desde 1998 es el vino oficial del Festival de Aviñón. Al pie de las Dentelles de Montmirail, ciento sesenta fincas comparten una vasta terraza aluvial conocida como la meseta de las Garrigues.

1438 ha

4% 1%

95%

Muscat de Beaumes-de-Venise

En el país de los vinos tintos, la muscat está bien arraigada en la tradición. Se trata de un vino dulce natural, elegante, intenso y fresco. A menudo se piensa que se bebe joven, como aperitivo o postre. Sin embargo, el resultado de diez años de envejecimiento es sorprendente.

500 ha

100%

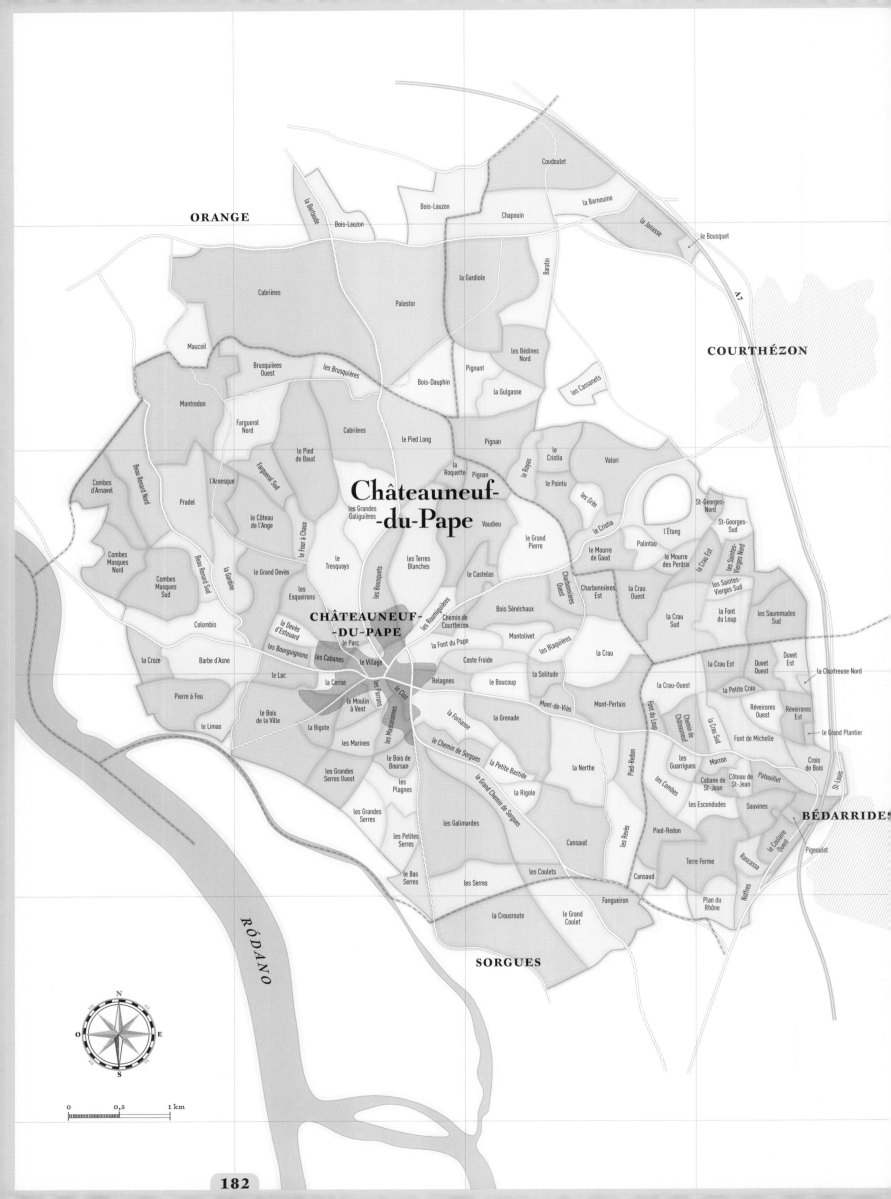

ORANGE

COURTHÉZON

Coudoulet

la Bertaude

Bois-Lauzon

Bois-Lauzon

Chapouin

la Barnouine

la Janasse

le Bousquet

Baratin

la Gardiole

Palestor

les Bédines
Nord

Cabrières

Pignant

les Cassanets

Maucoil

Brusquières
Ouest

les Brusquières

Bois-Dauphin

la Gulgasse

Montredon

Farguerol
Nord

Cabrières

le Pied Long

Pignan

le Cristia

Valori

le Pied
de Baud

la Roquette

Pignan

le Rajas

Combes
d'Arnavel

Beau Renard Nord

L'Arnesque

Farguerol Sud

le Cristia

le Pointu

St-Georges-
Nord

Pradel

le Côteau
de l'Ange

les Grandes
Galiguières

Vaudieu

les Grès

St-Georges-
Sud

le Four à Chaux

la Gardine

le Grand
Pierre

l'Étang

le Mourre
de Gaud

Palintau

la Crau Est

les Saintes-
Vierges Nord

Combes
Masques Nord

Beau Renard Sud

le Grand Devès

le Tresquoys

les Terres
Blanches

le Castelas

Charbonnières
Ouest

Charbonnières
Est

la Crau
Ouest

le Mourre
des Perdrix

les Saintes-
Vierges Sud

Combes
Masques
Sud

les Esqueirons

les Bousquets

Bois Sénéchaux

la Crau
Sud

la Font
du Loup

les Saummades
Sud

Colombis

le Devès
d'Estouard

les Bourguignons

les Cabanes

Chemin de
Courthezon

les Roumiguières

Montolivet

les Blaquières

la Crau

Duvet
Ouest

Duvet
Est

la Croze

Barbe d'Asne

le Parc

le Village

la Font du Pape

Coste Froide

la Solitude

la Crau Est

la Chartreuse Nord

le Lac

la Cérise

le Clos

Relagnes

le Boucoup

Mont-de-Viès

Mont-Pertuis

la Crau-Ouest

la Petite Crau

Pierre à Feu

le Moulin
à Vent

les Partans

Réveirores
Ouest

Réveirores
Est

le Limas

le Bois
de la Ville

la Bigote

les Mascaronnes

la Fortiasse

la Grenade

Font du Loup

Chemin de
Châteauneuf

la Crau Sud

Font de Michelle

le Grand Plantier

les Marines

le Chemin de Sorgues

la Petite Bastide

la Nerthe

Pied-Redon

les Guarrigues

Marron

Crois
de Bois

le Bois de
Boursan

la Rigole

Cabane de
St-Jean

Côteau de
St-Jean

Patouillet

les Grandes
Serres Ouest

les Combes

les Plagnes

le Grand Chemin de Sorgues

les Escondudes

Sauvines

les Grandes
Serres

les Galimardes

Cansaud

les Reviis

Pied-Redon

Terre Ferme

Rascassa

le Coulaire
Ouest

Pigeoulet

les Petites
Serres

le Bas
Serres

les Serres

les Coulets

Cansaud

Plan du
Rhône

Nulittes

BÉDARRIDES

la Crousroute

le Grand
Coulet

Fangueiron

RÓDANO

SORGUES

N

O   E

S

0   0,5   1 km

Châteauneuf-du-Pape

CRU DEL RÓDANO

Variedades

garnacha negra, syrah, mourvèdre

garnacha blanca, roussanne, bourboulenc

Hectáreas

3145

Tipos de vino

7%

93%

Suelos

cantos rodados y guijarros arcillosos, arena caliza

Entronizado por los papas de Aviñón, el viñedo insignia del Ródano meridional, con sus numerosas variedades de uva, conserva una preciosa singularidad.

Es, como su nombre indica, el vino de los papas, ya que la corte papal se instaló en Aviñón en el siglo XIV. El papa Juan XXII mandó construir una fortaleza con vistas al burgo, que más tarde se convertiría en Châteauneuf-du-Pape, y la convirtió en su residencia de verano. Procedente de la burguesía de Cahors, trajo viticultores del Lot que engrandecieron este bendito terroir. Con la ayuda de la mención «vino papal», el vino ganó fama y se bebió en toda Europa. No ha perdido ni un ápice de su aura, ya que actualmente el 66 % de los vinos de la denominación se bebe fuera de Francia.

Son típicos los cantos rodados que pisamos al pasear por los viñedos de la denominación, transportados por el Ródano desde los Alpes hace ya mucho tiempo. Almacenan el calor del sol provenzal y contribuyen a la concentración de las uvas. Los subsuelos arcillosos favorecen que las viñas centenarias, con raíces más profundas, busquen el agua necesaria. Tradicionalmente, encontramos suelos más calizos en el oeste de la denominación y más arenosos en el este. Otro elemento destacado es el mistral; este viento del norte refresca las uvas en verano; en este clima mediterráneo, las temperaturas pueden alcanzar los 40 grados. El viento también protege las bayas de las enfermedades relacionadas con la humedad.

Tradicionalmente, el vino se elabora con trece variedades; cada una de las cuales aporta su especificidad: color, frescura, longevidad… En el pasado, todas las variedades se plantaban en la misma parcela. Hoy, los viticultores, como orfebres, eligen meticulosamente la composición de su mezcla, haciendo de cada Châteauneuf-du-Pape un vino único. Sin embargo, la garnacha suele ser la variedad de uva dominante y se expresa con brillantez. El uso de las trece variedades de uva en un mismo vino se ha vuelto bastante raro.

Los tintos son potentes y con cuerpo: necesitarán unos años de guarda para que se aprecien en todo su esplendor. Los blancos son más raros, pero igual de mágicos: tienen cuerpo, son expresivos y poseen una gran riqueza aromática.

> **Tradicionalmente, el vino se elabora con trece variedades**

Laurel, tomillo, pimienta, regaliz, frambuesa, fresa, casis

Châteauneuf-du-Pape
tinto

Hinojo, anís, acacia, tilo, melocotón blanco, almendra

Châteauneuf-du-Pape
blanco

•cinsault

•roussanne   •muscardin

•counoise

•••**garnacha**   •clairette

•vaccarèse

•picardan   •**syrah**   •terret noir

•picpoul   •bourboulenc

•**mourvèdre**

LAS TRECE VARIEDADES AUTORIZADAS EN CHÂTEAUNEUF-DU-PAPE

St-Victor-la-Coste

GARD

Saussines
la Plánque
Caveyrac

ST-LAURENT-DES-ARBRES

St-Geniès-de-Comolas

Montfaucon

VAUCLUSE

RÓDANO

ST-GENIÈS-DE-COMOLAS

Lirac

St-Laurent-des-Arbres

les Jésuites

la Taulière

le Devès

St-Roch

Maillac

le Sablon

ROQUEMAURE

ROQUEMAURE

les Mûres

Chardenas

Poissonnière

Lirac

la Coste

LIRAC

Guidam

Truel

Ste-Baume

Sauveterre

TAVEL

Tavel

Tavel

PUJAUT

Château de Trinquevédel

Prieuré de Montézargues

Lirac

N os vamos a la orilla derecha del Ródano y, por tanto, al departamento del Gard. Rodeado de garrigas y sacudido por el mistral, es uno de los viñedos más soleados de la región. Rara vez llueve, lo que limita el crecimiento de las vides y da vinos concentrados. Aunque el vino tinto domina la producción, es uno de los raros Crus du Rhône disponible en tres colores.

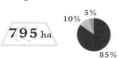

795 ha

10% 5%

85%

Tavel

T odos los vinos de Tavel son rosados, ¡pero no todos los rosados son Tavel! Olvídese del rosado facilón: si la denominación está clasificada como Cru des Côtes du Rhône es porque merece el mismo esmero que un gran vino. Con abundante volumen y un final prolongado, es uno de los pocos rosados franceses que pueden envejecer sin perder fuelle.

Junto con la denominación Rosé des Riceys, es la única que solo produce rosado

Todas las grandes variedades típicas del Ródano prosperan en sus suelos de pizarra, cantos rodados, arena y grava, a excepción de la calitor, de origen provenzal, que crece únicamente en la región de Tavel, donde agradece los suelos cálidos y secos. Junto con la AOC Rosé des Riceys (Champaña), es la única denominación francesa que solo produce vino rosado.

904 ha

100%

Mora, cereza negra, regaliz, trufa

Lirac

Frutos rojos confitados, almendras tostadas

Tavel

Costières de Nîmes

3948 ha   40%   5%   55%

El más mediterráneo de los vinos del Ródano es el eslabón con los viñedos del Languedoc, en una hermosa encrucijada entre las Cevenas, la Camarga y la Provenza. Junto con Vinsobres, es la única denominación del Ródano meridional en la que predomina la variedad syrah. El suelo se compone de cantos rodados (arenisca) envueltos en arena, que en verano se calientan, pero que afortunadamente refrescan las brisas marinas procedentes del sur. Las vides se benefician así del aire que preserva la frescura de las uvas. A menudo, se ven huertos o alamedas de cipreses que rodean las viñas para protegerlas del mistral.

Los vinos del norte son suaves y fáciles de beber, mientras que los del sur son más ricos y robustos.

Clairette de Bellegarde

10 ha   100%

Con una extensión equivalente a veinte campos de fútbol, en el municipio de Bellegarde, es la denominación más pequeña del Ródano meridional. Se caracteriza por la producción de un vino blanco seco con uva clairette blanche. El clairette de Die burbujea, pero el clairette de Bellegarde es tranquilo. Son vinos generosos, con aromas de pera, miel y tilo, que suelen acompañar las comidas con marisco y pescado de la costa de la Camarga.

Violeta, aceitunas negras, garriga, especias

Costières de Nîmes

Pera, miel, tilo, notas tostadas

Clairette de Bellegarde

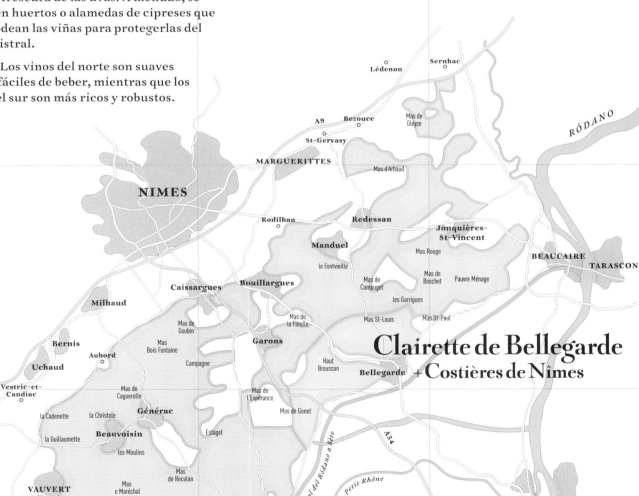

Ventoux

Aquí no solo es famoso el maillot de lunares del rey de la montaña, también predomina el color rojo, con un 70 % de los vinos producidos en la denominación. Aunque las viñas acarician las faldas del Mont Ventoux, al norte de la denominación, no superan los 500 metros de altitud. Es probable que en su cima, a 1910 metros, haga un pelín de fresco. Este gran viñedo, que se extiende por cincuenta y un municipios, ofrece vinos golosos, pero se esconde algún que otro as bajo la manga para envejecer.

6400 ha

20% 4%
76%

Luberon

El viñedo de Luberon se extiende por el macizo del mismo nombre, en plena Reserva Mundial de la Biosfera de la Unesco, una maravilla de la naturaleza. Este macizo calcáreo de 200 a 450 metros sobre el nivel del mar, tan provenzal con sus campos de lavanda y su clima mediterráneo, goza de una innegable influencia alpina. Es, por tanto, más fresco que otras muchas denominaciones del Ródano. Está delimitado por dos ríos: el Coulon (o Calavon) al norte y el Durance al sur. Hay blancos bastante alegres y elegantes, tintos golosos y, sobre todo, rosados con aromas de fresa y grosella que huelen a verano.

3400 ha

20% 48%
32%

Este macizo, tan provenzal, goza de una innegable influencia alpina

Otros vinos del Ródano meridional

Côtes du Rhône

De Lyon a Aviñón, la denominación regional lleva el alma de la viticultura local, con el 60 % de todo el vino producido en el valle del Ródano (casi exclusivamente en el Ródano meridional). Reconocidos por su calidad en el siglo XVIII, el fondo de los barriles de vino de la región ya se marcaba con las letras C. D. R. (de Côtes du Rhône) y el año de la cosecha. Suelen ser vinos simples y accesibles, lo que no excluye algunas agradables sorpresas. En semejante mosaico de terroirs, las posibilidades son infinitas.

44 000 ha
5% 3%
92%

Côtes du Rhône Villages

La denominación Côtes du Rhône Villages se distingue por un terroir y un saber hacer particular. Actualmente, están autorizados a utilizar esta denominación noventa y cinco municipios de Drôme, Vaucluse y Gard, pero solo dieciocho de ellos pueden añadir el nombre de su localidad en la etiqueta; por ejemplo: Côtes du Rhône Villages Valréas (Vaucluse), un primer reconocimiento antes de obtener algún día la preciada AOC municipal.

7800 ha
5% 3%
92%

Grignan-les-Adhémar

En el norte del Ródano meridional, en las bellas tierras de la Drôme de Provenza, existe la denominación Grignan-les-Adhémar, antes Coteaux du Tricastin. La denominación distingue principalmente vinos tintos, generalmente refinados y elegantes, que deben beberse jóvenes para conservar los aromas frutales; los rosados siguen el mismo camino. Los vinos blancos a base de viognier, criados en barrica de madera, pueden conservarse durante más tiempo.

2000 ha
10%
15%
75%

Côtes du Vivarais

Esta pequeña denominación se encuentra en la parte noroccidental del Ródano meridional y se extiende por catorce municipios entre Gard y Ardèche. Las viñas están situadas junto a la garriga, en las mesetas que rodean las gargantas del Ardèche. Los Côtes du Vivarais producen principalmente vinos tintos vegetales, afrutados, especiados… También hay una gran proporción de vinos rosados; vinos muy veraniegos que se beben jóvenes.

440 ha
5%
45% 50%

Duché d'Uzès

Esta reciente AOC (2013), que se une a la de Languedoc, abarca desde el Ródano hasta las faldas de las Cevenas. En esta zona encontramos variedades de uva comunes en el sur: cinsault, marsanne, vermentino, aunque las principales siguen siendo syrah, garnacha y viognier. Los tintos son coloridos y aromáticos, para beber jóvenes. Los rosados son frescos y vivaces, y solo necesitan maridarse con el otro orgullo de la región: la aceituna picholine.

280 ha
20%
25% 55%

CÓRCEGA

el viñedo de la belleza

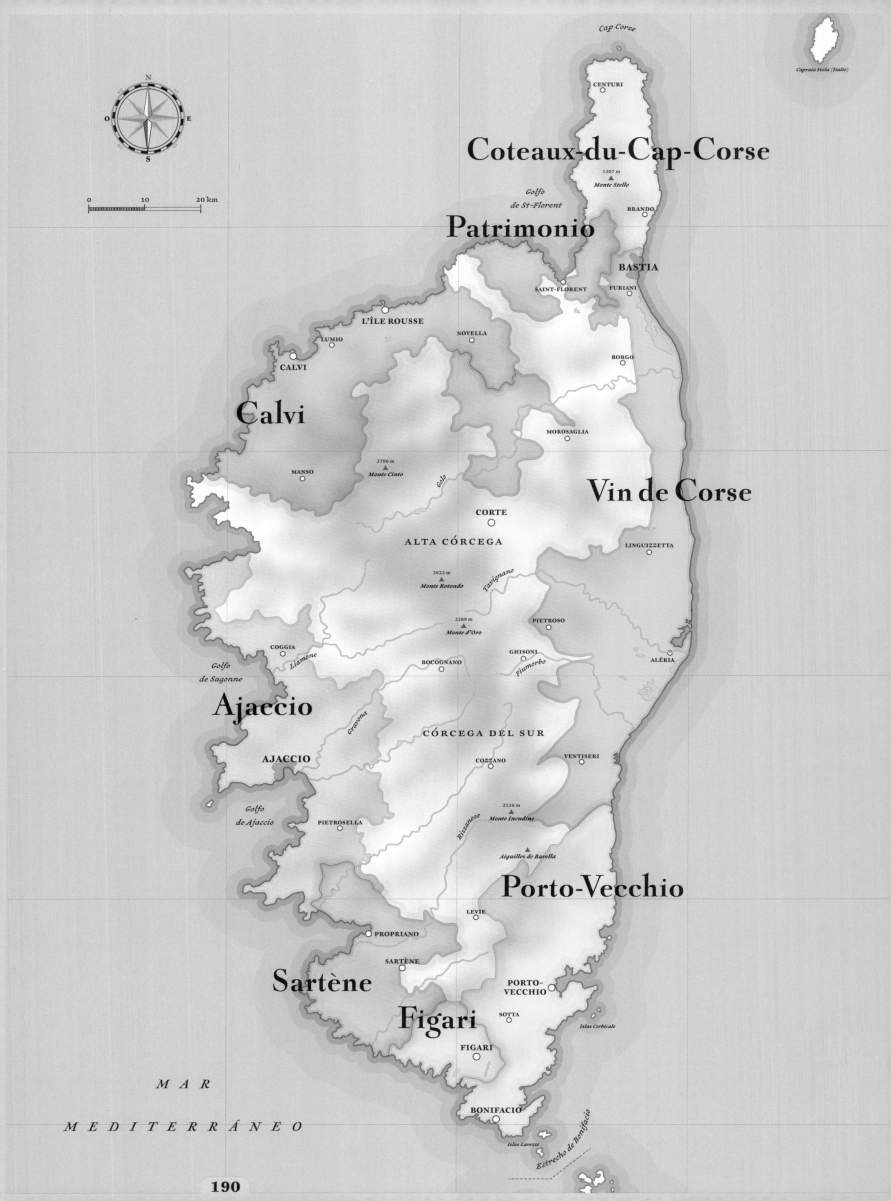

Coteaux-du-Cap-Corse

Patrimonio

Calvi

Vin de Corse

Ajaccio

Porto-Vecchio

Sartène

Figari

Cap Corse

CENTURI

1307 m
▲
Monte Stello

BRANDO

*Golfo
de St-Florent*

BASTIA

SAINT-FLORENT

FURIANI

L'ÎLE ROUSSE

NOVELLA

LUMIO

BORGO

CALVI

MOROSAGLIA

MANSO

2706 m
▲
Monte Cinto

Golo

CORTE

ALTA CÓRCEGA

LINGUIZZETTA

2622 m
▲
Monte Rotondo

Tavignano

2389 m
▲
Monte d'Oro

PIETROSO

COGGIA

GHISONI

Liamone

BOCOGNANO

ALÉRIA

Fiumorbo

*Golfo
de Sagonne*

Gravona

CÓRCEGA DEL SUR

AJACCIO

COZZANO

VENTISERI

*Golfo
de Ajaccio*

PIETROSELLA

2136 m
▲
Monte Incudine

Rizzanese

▲
Aiguilles de Bavella

LEVIE

PROPRIANO

SARTÈNE

PORTO-
VECCHIO

SOTTA

Islas Cerbicale

FIGARI

MAR

MEDITERRÁNEO

BONIFACIO

Islas Lavezzi

Estrecho de Bonifacio

Capraia Isola (Italie)

N
O   E
S

0   10   20 km

Córcega

Geográficamente, la isla de la Belleza está más cerca de Italia que de Francia. Esto se refleja tanto en el nombre de las variedades como en la expresión de los vinos.

Variedades

niellucciu, sciaccarellu, aleàticu

vermentinu, barbiròssa, biàncu gentile

Hectáreas

6000

Tipos de vino

15%

25%

60%

Suelos

arcillocalcáreos, esquistos, granitos, rocas verdes

Clima

mediterráneo

Primero la colonizaron los griegos y luego la administraron las provincias italianas; finalmente fue cedida a Francia en 1768 por el Tratado de Versalles. Los habitantes podían cambiar de nacionalidad, pero la vid prefirió la genética a la política; basta con plantearse la identidad de las variedades de la isla: son casi todas italianas.

Sin el frescor de las montañas y la influencia del mar, la viticultura sería imposible en esta región donde los veranos son especialmente calurosos. Por suerte, los vientos del continente no se detienen en la Costa Azul. Los vientos mistral y tramontano, llenos de rocío mediterráneo, abrazan y refrescan Córcega. Prueba de que la isla está hecha para la vid: las vides ya crecían silvestres antes de que los griegos desarrollaran allí la viticultura.

A los pies de Cap Corse, los vinos de Patrimonio son la AOC más famosa y prestigiosa. Los suelos arcillocalcáreos son un terreno ideal para la variedad que reina en la isla: la niellucciu. Los tintos tienen una concentración sublime y un gran potencial de envejecimiento. Como suele ocurrir, no hay que olvidar los blancos, que son grasos y potentes.

¿Cuál es el único problema de los vinos corsos? Que no hay suficientes; y eso que los viñedos tenían un tamaño mucho mayor en la década de 1880, pero la filoxera, el éxodo rural y la crisis de sobreproducción han derretido el viñedo como un cubito de hielo al sol. Hoy, menos de una cuarta parte de la producción de sus vinos sale de la isla, lo que los convierte en unos de los más difíciles de disfrutar; lo más fácil es ir allí. *Coppa, lonzu, figatellu*…, no son nombres de variedades de uva, sino charcutería que se elabora en la isla y que combina divinamente con una copa de patrimonio. ¿Y para los blancos? Unos buñuelos con *brocciu*, el queso local de leche de oveja. ¡*Pace è salute*!

La vid ya crecía silvestre

Grosella, melocotón, frambuesa

Rosé Corse

Casis, pimienta, piel

Patrimonio
tinto

Pomelo, manzana, miel

Patrimonio
blanco

Albaricoque confitado, piel de naranja, cera de abeja

Muscat du Cap Corse

La isla cuenta con una denominación para los vinos dulces naturales: Muscat du Cap Corse. Esta AOC representa solo el 1% de la producción, pero merece la pena dedicarle tiempo. Los moscateles son notablemente frescos y sutiles, menos dulces que los del continente.

VARIEDADES

Cereza, regaliz, piel

NIELLUCCIU

El resto del mundo la conoce con otra cara, ya que en Italia esta variedad se llama sangiovese. Es la uva estrella de los vinos de Chianti (Toscana), que no está tan lejos de la isla de la Belleza. Se planta por toda la isla, pero su mejor expresión está en la AOC Patrimonio. Su piel gruesa da tintos de color profundo. Sus taninos confieren a las mejores añadas un impresionante potencial de envejecimiento.

Pimienta, café, maquis, frutos rojos

SCIACCARELLU

Se encuentra, sobre todo, en los suelos graníticos de la región de Ajaccio y Sartène, pero también en casi todas las denominaciones de Córcega, excepto en la de Patrimonio. Poco coloreada y con pocos taninos, se mezcla mejor con la niellucciu para elaborar vinos tintos y rosados. Su nombre procede de la palabra corsa *sciaccarella* (crujiente).

OTRAS VARIEDADES DE UVA TINTA

ALEÀTICU. Alto contenido en azúcar, da vinos muy dulces. También se encuentra en Apulia, Chile y Australia.

MINUSTÉLLU. Llamada «morrastel» en el Languedoc y «graciano» en España, esta variedad de uva es especialmente tánica y ácida. Por eso se utiliza a menudo en coupages.

También destaca la presencia de syrah, garnacha, mourvèdre, carcaghjòlu nèru…

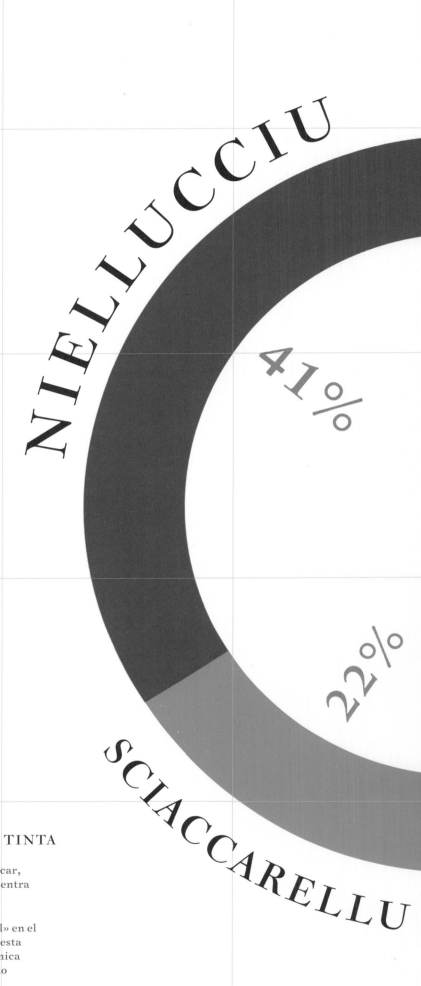

NIELLUCCIU

41%

22%

SCIACCARELLU

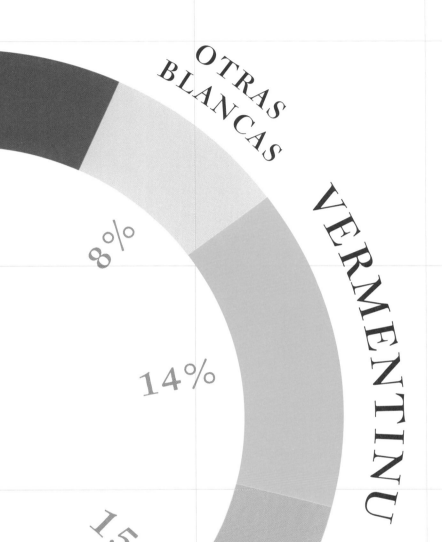

OTRAS
BLANCAS

8%

14%

15%

VERMENTINU

OTRAS TINTAS

OTRAS VARIEDADES DE UVA BLANCA

BARBIRÒSSA. Literalmente «barbarroja» por sus bayas de color anaranjado.

BIÀNCU GENTÌLE. Aunque está plantada en una parte muy pequeña del viñedo, es una de las variedades nobles. Se distingue por una nariz exuberante de frutas exóticas.

PAGADÈBITI. Puede traducirse como «pagadeudas», un nombre vinculado al alto rendimiento de esta variedad de uva, que le permite producir mucho vino para pagar las deudas.

También destaca la presencia de chardonnay, ugni blanc, carcaghjòlu biancu, cudivèrta…

Manzana, almendra, miel, limón, melocotón

VERMENTINU

Presente en Grecia e Italia, se cree que esta variedad es de origen turco. También conocida como malvoisie de Corse, es sin duda una de las variedades de uva más atractivas del Mediterráneo. Produce vinos con cuerpo y generosos, aptos para el envejecimiento.

GENEALOGÍA DE LAS VARIEDADES

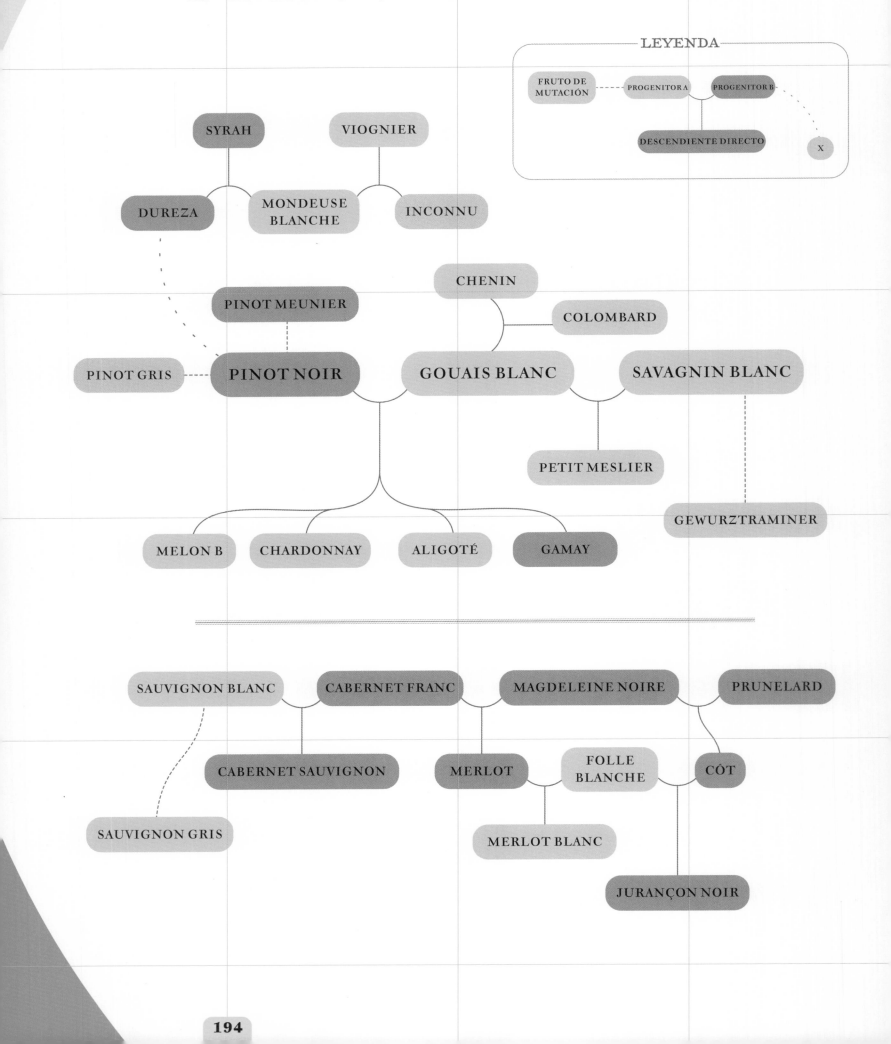

LEYENDA

FRUTO DE MUTACIÓN ---- PROGENITORA · PROGENITOR B

DESCENDIENTE DIRECTO · X

SYRAH

VIOGNIER

DUREZA · MONDEUSE BLANCHE · INCONNU

CHENIN

PINOT MEUNIER

COLOMBARD

PINOT GRIS · PINOT NOIR · GOUAIS BLANC · SAVAGNIN BLANC

PETIT MESLIER

GEWURZTRAMINER

MELON B · CHARDONNAY · ALIGOTÉ · GAMAY

SAUVIGNON BLANC · CABERNET FRANC · MAGDELEINE NOIRE · PRUNELARD

CABERNET SAUVIGNON · MERLOT · FOLLE BLANCHE · CÔT

SAUVIGNON GRIS

MERLOT BLANC

JURANÇON NOIR

LAS PRINCIPALES VARIEDADES DE FRANCIA

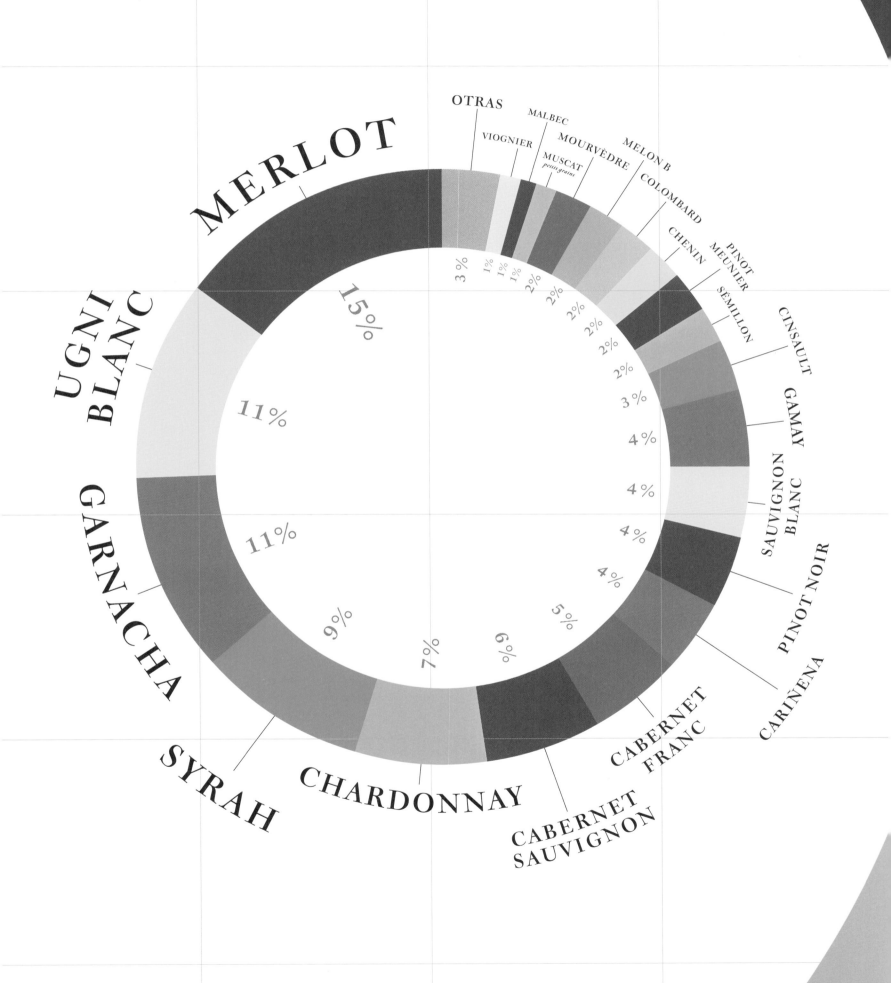

MERLOT — 15%
UGNI BLANC — 11%
GARNACHA — 11%
SYRAH — 9%
CHARDONNAY — 7%
CABERNET SAUVIGNON — 6%
CABERNET FRANC — 5%
CARIÑENA — 4%
PINOT NOIR — 4%
SAUVIGNON BLANC — 4%
GAMAY — 4%
CINSAULT — 3%
SEMILLON — 2%
CHENIN — 2%
PINOT MEUNIER — 2%
COLOMBARD — 2%
MELON B — 2%
MOURVÈDRE — 2%
MALBEC — 2%
MUSCAT petits grains — 1%
VIOGNIER — 1%
OTRAS — 3%

Los nuevos viñedos

El vino es como los Juegos Olímpicos: ¡todo el mundo quiere su propia edición! Y con el calentamiento del planeta y la flexibilización de las normas, algunas regiones inesperadas se están subiendo al carro del cultivo de la vid. Suelen ser anecdóticos, ya que estos proyectos asociativos tienen, sobre todo, una vocación educativa… ¡por ahora!

Paso de Calais

En la tierra de la cerveza hay dos iniciativas destacadas. La primera está en las laderas expuestas del escorial de Haillicourt, al sudoeste de Béthune, una colina artificial resultante de la explotación minera local. El vino, llamado «Charbonnay», tiene una producción de unos cientos de botellas. La segunda está más al este, en las laderas del Escaut, donde se producen 11 000 botellas de 50 cl de tinto, blanco y rosado de chardonnay y pinot noir; la finca está gestionada por el ESAT (Establecimiento y Servicio de Ayuda al Trabajo) de Valenciennes, bajo la atenta mirada de un maestro bodeguero.

Isla de Francia

Hablamos en este caso de un antiguo y gran viñedo que allá por el siglo XIII abarcaba cerca de 40 000 hectáreas, ¡tres veces el tamaño de los viñedos de Alsacia! Pero la filoxera y la urbanización acabaron con ellos. En 1930 se plantaron algunas vides en Montmartre, pero los proyectos más serios están en marcha en Yvelines, Val-d'Oise y Hauts-de-Seine.

Bretaña

La presencia de la vid en Bretaña está documentada desde la época de la ocupación romana. Pero los duros inviernos de los siglos XVII y XVIII obligaron a concentrar los viñedos en torno a Nantes. Desde hace unos quince años se observa un resurgimiento de las plantaciones de vides en la tierra de la sidra, sobre todo de pinot noir, chardonnay, pinot blanc, gamay y chenin. Un puñado de entusiastas milita por la creación de la denominación «Vin de Bretagne».

Habida cuenta de los nuevos retos relacionados con el cambio climático, debemos estar preparados para una evolución en el paisaje vitícola francés. Ya podemos ver los efectos: los vinos tienen mayor graduación alcohólica, la vendimia se adelanta cada vez más…

Sin duda, las variedades de uva cambiarán significativamente y los terroirs hasta ahora inexplorados despertarán curiosidad. Hemos hablado de iniciativas en Bretaña y el norte de Francia, pero también podríamos mencionar proyectos similares en Picardía o Normandía.

Lejos queda de nuestra intención regocijarnos por el calentamiento del planeta, pero en los próximos años nos esperan novedades por descubrir… ¡y que habrá que catar!

Maridajes de vinos y quesos

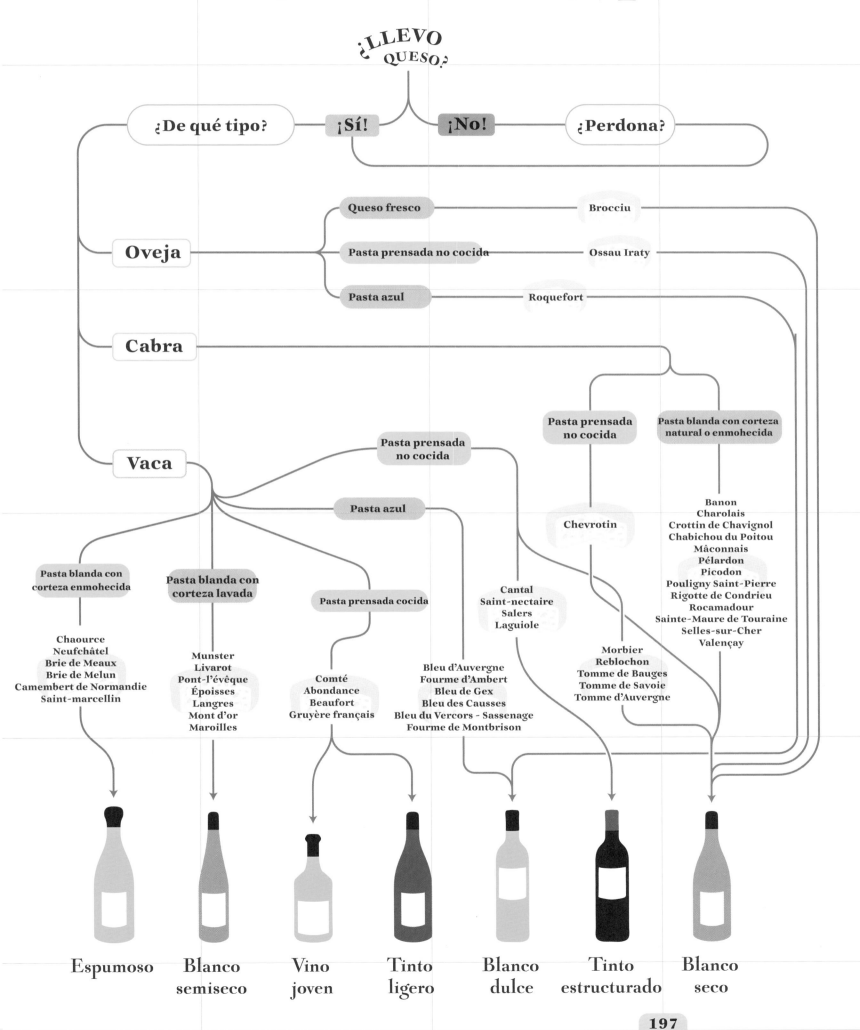

¿LLEVO QUESO?

¿De qué tipo?   ¡Sí!   ¡No!   ¿Perdona?

Oveja
- Queso fresco — Brocciu
- Pasta prensada no cocida — Ossau Iraty
- Pasta azul — Roquefort

Cabra

Vaca
- Pasta prensada no cocida
- Pasta blanda con corteza natural o enmohecida
- Pasta prensada no cocida — Chevrotin
- Pasta azul

Pasta blanda con corteza enmohecida
- Chaource
- Neufchâtel
- Brie de Meaux
- Brie de Melun
- Camembert de Normandie
- Saint-marcellin

Pasta blanda con corteza lavada
- Munster
- Livarot
- Pont-l'évêque
- Époisses
- Langres
- Mont d'or
- Maroilles

Pasta prensada cocida
- Comté
- Abondance
- Beaufort
- Gruyère français

Bleu d'Auvergne
Fourme d'Ambert
Bleu de Gex
Bleu des Causses
Bleu du Vercors - Sassenage
Fourme de Montbrison

Cantal
Saint-nectaire
Salers
Laguiole

Morbier
Reblochon
Tomme de Bauges
Tomme de Savoie
Tomme d'Auvergne

Banon
Charolais
Crottin de Chavignol
Chabichou du Poitou
Mâconnais
Pélardon
Picodon
Pouligny Saint-Pierre
Rigotte de Condrieu
Rocamadour
Sainte-Maure de Touraine
Selles-sur-Cher
Valençay

Espumoso   Blanco semiseco   Vino joven   Tinto ligero   Blanco dulce   Tinto estructurado   Blanco seco

Índice de denominaciones

La edición original de esta obra ha sido publicada en Francia en
2021 por Marabout, sello editorial de Hachette Livre, con el título

La route des vins, s'il vous plaît

Traducción del francés: Jose Luis Díez Lerma

Av. Diagonal, 402 – 08037 Barcelona
www.cincotintas.com

Primera edición: octubre de 2023

Impreso en China
Depósito legal: B 11328-2023
Código Thema: WBXD1
Alimentación y bebidas: vinos

ISBN 978-84-19043-22-1

PAPEL A BASE DE
FIBRAS CERTIFICADAS